ローゼンバウム
因果推論とは何か

ポール・R・ローゼンバウム [著]

高田悠矢・高橋耕史 [監訳]

Causal Inference

Paul R. Rosenbaum

朝倉書店

我々は，物事の本質を学ぶことで行動の可能性を学び，行動の可能性を学ぶことで物事の本質を学ぶ．

——ピーター F. ストローソン『分析と形而上学』

システムに干渉したときに何が起こるかを知るためには，システムに干渉しなければならない．

——ジョージ E. P. ボックス『回帰の使用と濫用』

CAUSAL INFERENCE

by Paul R. Rosenbaum

Copyright © 2023 Massachusetts Institute of Technology

Copyright © 2024 Asakura Publishing Company, Ltd.

Japanese translation published by arrangement with The MIT Press

through The English Agency (Japan) Ltd.

監訳者まえがき

　因果推論（causal inference）が，近年の統計学や機械学習における最重要トピックの1つであることは，もはや言及するまでもないことかもしれません．20世紀後半から現在に至る統計学の発展を支えているのは，本書の中心である因果モデルとそれに基づく因果効果の推定であるといっても過言ではないでしょう．また，昨今では，因果推論と機械学習の融合技術への注目も高まっています．

　因果推論は，経済学・医学・心理学・社会学・教育学，さらには，マーケティング実務，政府の政策評価などでも利用されています．本書でもその著作が紹介されているジョシュア・アングリスト，デヴィッド・カード，グイド・インベンスは，経済学分野で自然実験の枠組みを大きく発展させ，2021年にノーベル経済学賞を受賞しました．

　著者のポール R. ローゼンバウムは，1983年，彼のハーバード大学での指導教官であったドナルド B. ルービンとの共著論文において，傾向スコア（propensity score）を導入したことで広く知られるようになりました．その後も因果推論の分野で多くの成果を残し続けており，この分野の発展の礎を築いた開拓者の1人といえます．

　因果推論の「教科書」としては，こうした開拓者たち自身が執筆した良書の邦訳がすでにいくつか存在します．たとえば，本書の著者であるローゼンバウムが執筆した *Observation and Experiment: An Introduction to Causal Inference*（Harvard University Press, 2017）[1] や，インベンスとルービンが執筆した *Causal Inference for Statistics, Social, and Biomedical Sciences: An Introduction*（Cambridge University Press, 2015）[2] などが挙げられます．

---

[1]　邦訳：阿部貴行・岩崎　学 ［訳］『ローゼンバウム統計的因果推論入門：観察研究とランダム化実験』共立出版，2021.

[2]　邦訳：星野崇宏・繁桝算男 ［監訳］『インベンス・ルービン 統計的因果推論 上・下』，朝倉書店，2023.

一方，本書は教科書ではありません．もちろん，教科書としても活用いただきたいと思いますが，少なくとも「典型的な教科書」ではないといえます．本書は，The MIT Press Essential Knowledge series というシリーズに属しています．このシリーズは，専門的なテーマについて扱っていますが，基本的な概念から丁寧に説明し，理解しやすくコンパクトにまとめることで，一般の読者が重要なトピックに触れる機会を創出することを企図しています．本書では，数式はほとんど用いられておらず，数学的な概念は可能なかぎり言葉に置き換えて説明しています．また，豊富な事例を用いることで，常に実際の活用シーンを思い浮かべながら読み進めることができるようになっています．

ゆえに本書は，因果推論という分野に興味を持っているが，まだ本格的に学ぼうか迷われている方に読んでいただけると大変嬉しく思います．因果推論を本格的に学ぼうとしている方は，典型的な教科書と「ともに」読んでいただくと非常に有益であるはずです．また，すでに教科書を読み込んで概念を十分に理解している方にとっては，学んだ内容を実践で使う際の有用な道標となるかと思います．

もっとも，「専門的なテーマを一般の読者にも理解しやすくコンパクトにまとめる」という野心的な試みがなされた書籍であるがゆえ，翻訳にはかなり苦しみました．可能なかぎり，表現を補ったり，訳注を追加したりと最善は尽くしたつもりですが，原著の「理解のしやすさ」を毀損してしまったかもしれません．その責任はすべて私たち監訳者にあります．

最後に，本書の翻訳メンバーである岩田大地氏，木幡賢人氏，白木紀行氏，高野俊作氏，高橋野以氏，本書の翻訳・編集をサポートしてくださった，朝倉書店編集部に改めて，感謝申し上げます．

2024 年 9 月

監訳者　高田悠矢・高橋耕史

■原著者
ポール R. ローゼンバウム（Paul R. Rosenbaum）
　　ペンシルベニア大学ウォートン校統計学教授

■監訳者
高田悠矢（たかだゆうや）
　　Re Data Science 株式会社代表取締役社長

高橋耕史（たかはしこうじ）
　　日本銀行企画役

■訳者（執筆順）

岩田大地（いわただいち）［第 1 章・第 2 章］	株式会社オプト
木幡賢人（こはたけんと）［第 3 章］	TDSE 株式会社
白木紀行（しらきのりゆき）［第 4 章］	厚生労働省
高野俊作（たかのしゅんさく）［第 5 章］	株式会社オプト
高橋野以（たかはしのい）［第 6 章・第 7 章］	TDSE 株式会社
高橋耕史（たかはしこうじ）［第 8 章］	日本銀行
高田悠矢（たかだゆうや）［第 9 章］	Re Data Science 株式会社

目　次

監訳者まえがき ･･ i

本書で取り上げる事例 ･･･････････････････････････････････ v

本書で取り上げる方法論の話題 ･･････････････････････････ vi

1. 処置による効果 ･･･････････････････････････････････････ 1

2. 無作為化実験 ･･･ 16

3. 観察研究―問題点の考察― ･････････････････････････････ 32

4. 測定された共変量の調整 ･･･････････････････････････････ 45

5. 測定されていない共変量に対する感度 ･･･････････････････ 57

6. 観察研究のデザインにおける疑似実験的手法 ･････････････ 68

7. 自然実験，不連続性，操作変数 ････････････････････････ 75

8. 再現，解像度，エビデンス因子 ････････････････････････ 96

9. 因果推論における不確実性と複雑さ ････････････････････ 103

キーアイデア ･･･ 114

用語解説 ･･･ 117

注　　釈 ･･･ 120

文　　献 ･･･ 129

参考図書 ･･･ 136

索　　引 ･･･ 137

著者について ･･･ 140

本書で取り上げる事例

- ジョージ・ワシントンの瀉血（第 1 章）
- エボラウイルス病（エボラ出血熱）の治療（第 2 章）
- 喫煙と歯周病（第 3 章〜第 5 章）
- 喫煙と肺がん（第 3 章，第 5 章，第 8 章）
- 抗生物質の致死的な副作用（第 6 章）
- 勤労所得税額控除と就労状況（第 6 章）
- 宝くじの当選と破産（第 7 章）
- 住宅補助と就労状況（第 7 章）
- バセドウ病，アルツハイマー病，自閉症の遺伝的要因（第 7 章）
- 労働組合は賃金を上昇させるか？（第 7 章）
- マインドフルネスと禁煙（第 7 章）
- ヘロイン・コカイン中毒の臨床治療（第 8 章）
- 親の職場の有害物質が家の子どもに与える影響（第 8 章）
- 1 杯のワインは寿命を延ばすか？（第 9 章）

本書で取り上げる方法論の話題

- 因果効果の定義（第 1 章）
- 無作為化実験（第 2 章）
- 箱ひげ図（第 3 章）
- 傾向スコア（第 3 章〜第 4 章）
- 感度分析（第 5 章）
- 複数のコントロール群（第 6 章）
- カウンターパート（第 7 章）
- 病気の遺伝的要因に対する兄弟間の伝達不平衡試験（第 7 章）
- 病気の遺伝的要因に対する親子間の伝達不平衡試験（第 7 章）
- 操作変数（第 7 章）
- エビデンス因子（第 8 章）
- メンデル無作為化法（第 9 章）

1

処置による効果

　1757 年——イギリス帝国を打ち破り，アメリカ合衆国の権力を手に入れ，大統領選挙を経てその権力を平和的に移譲するそのすべての前に——ジョージ・ワシントンは病に罹り，医師たちの治療によって危うく死ぬところだった．医師たちは彼の体液（humor）のバランスを取り戻すために血を抜いた．それからずっと後の 1799 年 12 月 13 日，ワシントンは[1]

　　のどの痛みを訴えた．〔……〕痛みによりほとんど息ができなかった．〔……〕のどの腫れによって徐々に息が詰まり死にかけていただけでなく，18 世紀の医学の拷問にも耐えなければならなかった．何度も血を抜かれ，体の半分の血液を失い，激しく嘔吐した．〔……〕焼けつくような化学物質を塗られた皮膚には水膨れができた．

最終的に，ワシントンは 1799 年 12 月 14 日に死亡した．
　体液とは何か？　古代ギリシャの医師ヒポクラテスやガレノスによれば，病気の原因は体液のバランスが崩れることにあり，医師の役目は患者がそのバランスを整えるのを手助けすることだった．古代ギリシャでは，四大元素説——土，水，空気，火——が信じられており，それに対応して身体の中では四体液——黒胆汁，粘液，血液，黄胆汁——が基本となると信じられていた[2]．体液の不均衡は病気に必ず付随して現れた．病人は熱または寒気を感じ，ガス状の体液のバランスを取り戻す過程で咳やくしゃみをし，息を切らしながら呼吸をし，血，膿，痰を吐き，嘔吐や下痢をし，む

2 | 1. 処置による効果

くんでいるかひどく痩せていた．こういった体液の不均衡が正されるまで健康状態が回復することはなかった．

　四体液説では，症状を病気そのものと誤解し，目立つものを本質的なものと混同し，副次的に見られるものを原因として誤認していた．当時の医師たちや彼らに医療を教えた人，そのまた彼らに教えた人たち……と 20 世紀以上もの長い間にわたって，体液の不均衡が病気を引き起こすと信じられていた．

　なぜ 18 世紀の医師たちは患者から血を抜いたのか？　生物学をほとんど知らなかったといえばもっともらしいが，それは間違いである．たしかに彼らは生物学をほとんど知らなかった．DNA の発見は 20 世紀になってからである．チャールズ・ダーウィンは 19 世紀に自然選択による進化について理論を提唱した．病気における微生物の重要性は，19 世紀に入ってからルイ・パスツール，ヤーコプ・ヘンレ，ロベルト・コッホによって発見された．パスツールは，新しい理論に寛容でありながらも，誤った推論，不正確な計測，誤った理論を絶対に許さない非常に真摯な業界で生物学の研究を始めた．彼は高品質なワインの製造に関わるフランスの化学者だったのである[3]．より優れた理論は，より上質なワインを生むもので，その差は味で感じられた．

　たしかに 18 世紀には生物学はほとんど発展していなかったが，生物学を知らなくても患者の血を抜くことが有害であることはわかる．治療がもたらす効果は，その生物学的なメカニズムまでは理解できなくても，正しく知ることができるのである．実際，理論に基づいた治療によって患者が死亡することがあれば，それは理論を再検討すべきだということを意味している．要するに，ジョン・デューイのいう「実験的な思考習慣（experimental habit of mind）」や，無作為化実験に代表されるような 20 世紀に発展した方法論が 18 世紀の医学には欠けていたのである[4]．

因果効果とは何か？　因果推論はなぜ難しいのか？

　ワシントンの死は瀉血が原因なのか？　血を抜いたことが原因で患者が

死亡することがよくあったのだろうか？　20世紀に発達した重要な手法によって2つ目の問いには厳密に答えることができるが，1つ目の問いは謎のままで現状は憶測でしか答えられない．そして，きっとこれからも憶測の域を出ることはない．2つ目の問いへの厳密な答えは第2章のテーマであるが，まずやるべきことは，先ほどの2つの問いについて理解し，それらがどのように違うのか，なぜ異なる解答が考えられるのかを知ることである．

　瀉血が原因でワシントンが死亡したのかどうかは，次の2つの世界を比較することを意味する．ひとつは我々の実際の世界，つまりワシントンが1799年に瀉血されて翌日に死亡した世界である．もうひとつは，ワシントンが瀉血されなかった世界である．この世界では，ワシントンは翌日に死亡しなかっただろうか？　もしワシントンが咽頭炎の合併症でどのみち死亡していたのなら，瀉血が彼の死を引き起こしたわけではないことになる．もし彼がその別の世界で生き延びていたならば，瀉血が彼の死を引き起こしたということになる．ワシントンに対する瀉血の因果効果は，瀉血した世界と瀉血しなかった世界という2つの世界における彼の生存の比較により得られる．ただし，この考えの根本的な問題は，実際に経験していない別の世界でどうなるかは知ることができないということだ．つまり，我々が経験した世界ではワシントンは瀉血した後に死亡したが，瀉血されなかった別の世界でワシントンがどうなっていたかを知ることはできないのである．実際に経験しなかった別の世界について知るには，どうしたらいいだろうか？

　これ以外にも問題はある．ワシントンの仮の世界の話は，実験ではなく憶測によるもので想像上の話である．この仮の世界では他にどんなことが起こるのか？　実際の世界とどう違うのか？　血が抜かれなかっただけでなく，18世紀当時のどんな医療的な処置も施されず，喉の痛みはそのままにされていたのだろうか？　それとも血を抜かれなかっただけだろうか？　その仮の世界において，何が真実で何が真実でないのかが人によるのであれば，その世界において実在とは何であろうか？　第2章では，仮の世界は実験手

4 | 1. 処置による効果

続きによって指定される実際に起こりうる世界であり，そこからデータが取り出される．つまり，その仮の世界は，実際の世界と同じくらい曖昧さのない実際に起こりうる世界なのである．

問題の厳密化のための表記法

　厳密な解決策の前に，まずは問題を正確に記述する．ここでは，あくまで問題を正確に記述するだけであり，問題を解くのではない．正確に述べることはある種の枠組みを用意することであり，その枠組みの中で問題が解かれるか，もしくは解を持たないか，または問題が矛盾しているかどうかが示されるのである．ワシントンが瀉血されなかった場合の運命がどうなっていたかという問いには解がないが，患者に瀉血を施すことが有害かという問いには解がある．このことを理解するには，問題を正確な言葉で表す必要がある．

　数学者ジョージ・ポリアは，こう記した[5]．

> 問題を解くための重要なステップは，表記法を選ぶことで，これは注意深くなされるべきだ．表記法を選ぶのに費やす時間は，後で悩んだり混乱したりせずに済むことで節約できる時間によって報われるかもしれない．〔……〕良い表記法は，曖昧さがなく，示唆に富み，覚えやすいものでなければならない．意図しない誤解を招くような意味を排除し，うまく含みを持たせるべきである．記号の順序やつながりは，物事の順序やつながりを示しているものでなければならない．

　ワシントンの生死に対する瀉血の効果は，瀉血する世界と瀉血しない世界という 2 つの世界において彼の生死を比較することである．これら 2 つの世界をそれぞれ T と C と表し，処置（treatment）とコントロール

（control）と呼ぶ[*1]．T の世界ではワシントンは瀉血されるが，C の世界では瀉血されない．いま関心があるのは，この 2 つの世界 T, C におけるワシントンの生死である．1800 年 1 月 13 日まで生存していた場合を 1 と表し，1800 年 1 月 13 日以前に死亡した場合を 0 としよう．つまり，処置の開始から 1 か月を超えて生存するかどうかを問題とする．実際の我々の世界 T では，ワシントンは瀉血してすぐに死亡したことがわかっている．では，もし瀉血されていなかったら，彼は 1 か月を超えて生存していただろうか？

我々が議論しているのは，2 つの世界 T, C におけるワシントン （w）の運命である．ワシントンが瀉血された世界 T におけるワシントンの生死を記号 r_{Tw} で表す．1800 年 1 月 13 日まで生存していれば $r_{Tw} = 1$，1800 年 1 月 13 日以前に死亡していれば $r_{Tw} = 0$ である．そして，実際の世界 T では，ワシントンは瀉血され死亡した．つまり $r_{Tw} = 0$ である．同時に，記号 r_{Cw} はワシントンが瀉血されなかった世界 C におけるワシントンの生死を表す．1800 年 1 月 13 日まで生存していれば $r_{Cw} = 1$，1800 年 1 月 13 日より前に死亡していれば $r_{Cw} = 0$ である．**因果効果**（causal effect）とは 2 つの起こりえた世界における結果の差のことで，$r_{Tw} - r_{Cw}$ のような r_{Tw} と r_{Cw} の比較である．ここで，もし瀉血しなかったときにワシントンが生存していたならば $r_{Tw} - r_{Cw} = 0 - 1 = -1$，瀉血した場合のみ生存していたならば $r_{Tw} - r_{Cw} = 1 - 0 = 1$，処置に関係なく同じ運命であったならば $r_{Tw} - r_{Cw} = 0$ である．

問題は明らかだ．$r_{Tw} = 0$，つまりワシントンが瀉血されてすぐに死亡したことはわかっている．しかし，r_{Cw}，つまり瀉血されていなかったらどうなっていたかはわからない．だから，$r_{Tw} - r_{Cw} = 0 - 1 = -1$ なのか，それとも $r_{Tw} - r_{Cw} = 0 - 0 = 0$ なのかを判断できない．要するに，r_{Cw} という我々が実際には経験していないものが絡んでいるので，因果効

[*1] 訳注：一般に対照実験において，被験者にある条件（治療や介入など）を与えることを「処置」と呼び，比較のために同じ条件を与えないことを「コントロール」と呼ぶ．ここでは「瀉血」が処置（T）にあたり，瀉血されないコントロール（C）と対置される．

6 | 1. 処置による効果

果 $r_{Tw} - r_{Cw}$ を計算することはできないのである．この表記法は，代替処置のもとでの潜在的な結果と実際の処置のもとでの結果との比較によって，処置による効果を表現するもので，統計学者のイェジ・ネイマンとドナルド・ルービンによって導入された.

コントロール群を考えることで問題は解決するだろうか？

まず思い浮かぶのは，コントロール群 [*2)] が必要だということである．これは完全に間違っているわけではないが，かといって正確でもない．コントロール群とは何か？ 処置による効果を推定するのに，コントロール群だけではなぜ不十分なのか？ コントロール群が役に立つためには，他に何が必要だろうか？ 最も単純な場合として，ある 2 人のうち，1 人には処置を割り当て，もう一方の人にはコントロールを割り当てる場合を考えてみよう．ワシントン (w) という 1 人の人物の場合の代わりに，ここでは Kim (k) と James (j) という 2 人の人物の場合を考える．ワシントンの場合と同様に，Kim には r_{Tk} と r_{Ck} という 2 つの潜在的な結果があり，James にも r_{Tj} と r_{Cj} という 2 つの潜在的な結果がある．Kim に対する処置の効果は，2 つの潜在的な結果 $r_{Tk} - r_{Ck}$ を比較することであるが，Kim は処置かコントロールかのどちらかなので，r_{Tk} と r_{Ck} の両方を同時に知ることはできず，因果効果 $r_{Tk} - r_{Ck}$ を計算することはできない．James に対しても同様に，James は処置かコントロールかのどちらかに割り当てられるので，r_{Tj} か r_{Cj} のどちらかを知ることはできるが，両方はわからず，因果効果 $r_{Tj} - r_{Cj}$ を計算することはできない．

いまのところ，Kim と James はそれぞれワシントンのときと同じ問題に直面するように見える．つまり問題が 2 つに増えただけで解決になっていないように思える．では，Kim が処置を受け，James が受けなかったとしよう．それで解決するだろうか？ そうすれば，処置に対する Kim の反応 r_{Tk} とコントロールに対する James の反応 r_{Cj} を知ることができる．

[*2)] 訳注：つまり実際に瀉血されなかった人たち.

よく考えてみると，少なくとも処置とコントロールそれぞれに対する結果を知ることができ，ワシントンの問題よりはいくぶん良さそうである．たしかに，いまは Kim と James のみで，2 人の結果だけでは不十分なように思えるが，因果推論のために多くの人の結果が必要というだけであれば，いくらでも追加できる．しかし，もっと人数は必要なのだが，人数が多ければいいというものではない．因果推論とは，より大きなデータによるものではなく，より良いデータによるのである．

　もちろん，処置 T とコントロール C の両方の条件下で人々を観察することに意義があると考えたことによって，ワシントンの問題の一部が解決した．そうすることで，コントロール C の世界はフィクションではなく事実となるのである．人々が実際にコントロール C を割り当てられているのであれば，コントロール C の定義に但し書きで条件を示すような必要はない．

　いま想定していることは，ある人々に処置 T を，他の人々にコントロール C を割り当て，その後，T と C を割り当てられた人々の結果を比較することである．もしそれぞれのグループに多くの人がいれば，各グループの平均を比較することになる．2 人の場合は，その平均の比較が Kim の結果と James の結果を比較することにまで単純化される．Kim が T を割り当てられ，James が C を割り当てられたとすると，T のもとでの Kim の反応，すなわち r_{Tk} から C のもとでの James の反応，つまり r_{Cj} を差し引いたものとして処置の効果を推定する．すなわち推定値は $r_{Tk} - r_{Cj}$ であり，これは実際に観察した量の差として計算できるという点では良い．$r_{Tk} - r_{Cj}$ には多くの誤りがあるかもしれないが，それは算数の問題であって哲学的な問題ではない．今度は，Kim に C を，James に T を割り当てた場合，推定される効果は $r_{Tj} - r_{Ck}$ であり，これもまた実際に観察した量の差となる．これはうまくいくだろうか？

　残念ながら，うまくいかないだろう．なぜうまくいかないかを理解するために，Kim に処置 T とコントロール C を割り当てた場合で結果に違いがなく $r_{Tk} = r_{Ck}$ または $0 = r_{Tk} - r_{Ck}$ であると仮定してみよう．つ

まり，Kim の運命は T と C のどちらを受けても同じである．具体的には，Kim が T および C のどちらの条件のもとでも生存すると仮定しよう．つまり $r_{Tk} = r_{Ck} = 1$ であり，よって，$r_{Tk} - r_{Ck} = 1 - 1 = 0$ である．また，James にとっても T と C の間に差がなく，$r_{Tj} = r_{Cj}$（よって $r_{Tj} - r_{Cj} = 0$）であるとしよう．ただし，Kim とは異なり，James はどちらの条件のもとでも死亡するとする．要するに，コントロール C ではなく処置 T に割り当てること自体は，Kim にも James にも影響を与えず，ただし Kim と James とではそれぞれ状況が異なっているため，どちらを受けようとそれぞれ異なる運命を辿るものとする．

　この場合の問題は明確である．Kim と James は異なる反応を示す異なる人同士であり，処置のもとの Kim とコントロールのもとの James を比較しても，より一般的な誰かに対する因果効果を推定することにはならない．それどころか，Kim や James に対する因果効果 $r_{Tk} - r_{Ck}$ や $r_{Tj} - r_{Cj}$ を推定することにもならない．仮定によれば処置は Kim にも James にも効果がなく，Kim に対しては $0 = 1 - 1 = r_{Tk} - r_{Ck}$ で James に対しては $0 = 0 - 0 = r_{Tj} - r_{Cj}$ となるので，いま我々は効果が 0 であることを推定しようとしているのである．しかし，もし仮に Kim に処置 T，James にコントロール C を割り当てたならば，$r_{Tk} - r_{Cj} = 1 - 0 = 1$ となるので効果の推定量は 0 ではなくなり，処置 T は誰にでも効果のある完璧な処置であるように思えてしまう．逆に，もし Kim にコントロール C，James に処置 T を割り当てたならば，$r_{Tj} - r_{Ck} = 0 - 1 = -1$ と計算され，処置 T は誰にとっても有害であるように思えてしまう．

　思考実験の上では，Kim と James に対する平均処置効果（ATE, average treatment effect）はもちろん 0 である．つまり，Kim の場合 0（$= r_{Tk} - r_{Ck}$）で，James の場合 0（$= r_{Tj} - r_{Cj}$）となり 0 と 0 の平均で $(0 + 0)/2 = 0$ である．平均処置効果を計算するには，処置 T とコントロール C の両方の条件下での Kim や James の結果を知る必要があるが，ずっと問題にしているように Kim の $r_{Tk} - r_{Ck}$ や James の $r_{Tj} - r_{Cj}$ を知ることができないので，平均処置効果を計算することはできない．

2人より多い場合でも同じである

　ここまでは，ワシントン (w) の1人の場合，あるいは Kim (k) と James (j) の2人の場合について考えてきた．これが2人より多くなっても何も変わらない．第2章では，343人の場合を考える．さらに，$I = 343$ のように I 人の場合を考える．そして，各個人に1番目から343番目，もっと一般的には I 番目までと番号を振る．誰かを代名詞を使って表すのと同じように，ある個人を表すのに小文字の i を使う．なぜなら，あることが1番目の人に当てはまり，2番目の人に当てはまり，3番目の人にも当てはまり，そして最後に343番目の人にも当てはまるなどと繰り返したくないからである．343人に対してそのような言い方をしたら，誰も耐えられないだろう．だから代わりに個人 i $(i = 1, 2, \ldots, I)$ にあることが当てはまると表現する．こういった場合は，個人 i が誰であろうとも当てはまることを意味する．

　因果効果とは，ある人が処置を割り当てられた場合に示す結果と，同じ人がコントロールを割り当てられた場合に示したであろう結果との比較である．因果推論が難しいのはどのような個人であっても，両方の結果を知ることがないからである．任意の個人 i について，処置を割り当てた場合の i の反応は r_{Ti} であり，コントロールを割り当てた場合の反応は r_{Ci} である．個人 i に対する処置の効果は，$r_{Ti} - r_{Ci}$ のように r_{Ti} と r_{Ci} の比較である．因果推論における課題は，我々が知ることができるのは r_{Ti} か r_{Ci} かのどちらか一方であって，両方を知ることはできないということである．

　ある個人 i について，処置 T とコントロール C のもとで同じ結果になるなら，処置 T はコントロール C と比べて効果がなく，$r_{Ti} = r_{Ci}$ で因果効果はゼロ（$0 = r_{Ti} - r_{Ci}$）である．もし $i = 1, 2, \ldots, I$ に対して $r_{Ti} = r_{Ci}$ が全員に当てはまるならば，I 人からなる有限の集団に対して，処置 T はコントロール C と比較して効果がないことになる．

10 | 1. 処置による効果

$i = 1, 2, \ldots, I$ の I 人の集団において，平均処置効果は，I 個の因果効果 $r_{T1} - r_{C1}, r_{T2} - r_{C2}, \ldots, r_{TI} - r_{CI}$ の平均であるが，これらの値はどれも観察できない．

公平なコイン投げによる処置の割り当て

Kim と James のどちらに処置を割り当てるかを決めるために公平なコインを投げると不思議なことが起こる．コイン投げは公平な宝くじのようなもので，Kim であるか James であるか，またどんな人であるかの属性にかかわらず 2 分の 1 の確率で表が出る．コイン投げの結果が表なら，Kim は処置 T を割り当てられ，James はコントロール C を割り当てられる[*3]．推定効果は前に述べたように $r_{Tk} - r_{Cj} = 1 - 0 = 1$ となる．裏が出た場合，James は処置 T を割り当てられ，Kim はコントロール C を割り当てられる．推定効果はこちらも前に述べたように $r_{Tj} - r_{Ck} = 0 - 1 = -1$ である．正しい答えは 0 で Kim にも James にも効果がないのであるが，表なら 1，裏なら -1 というように，コインの表裏がどのように出ても間違った答えが得られる．ところが不思議なことに，もし表と裏の平均を出すことができれば，正しい答え，つまり $0 = (1 \times 1/2) + (-1 \times 1/2)$ が得られる．この不思議な事実は役に立つのだろうか？

役に立つようには思えない．コインの表が出る世界も，裏が出る世界も起こりえるが，両方の世界を同時に知ることはできないので，2 つの世界それぞれに確率 2 分の 1 を割り当てて平均することはできない．コインの表が出るか裏が出るかはわからないが，コインの出方がどうであれ，効果がゼロでないという間違った答えが得られることがわかる．それは一見，役立ちそうにない．

人間のあらゆる美徳の中で，最も過小評価されているのは粘り強さである．Kim と James だけでなく，多くの 2 人組のペアがいると仮定し，2 人のペアごとにコインを投げ，コインの表裏に基づいて，処置 T またはコ

[*3]　訳注：以下では引き続き Kim は常に生存し，James は常に死亡すると仮定する．

ントロール C を次々に割り当てたとする。そして，処置はこれらの人々のいずれにも効果がなく，したがって我々はまたも効果がない処置に対してゼロを推定しようとしているとしよう。

この場合，多くのペアに対してコイン投げを何回も繰り返すと，処置 T を割り当てられた人の反応の平均からコントロール C を割り当てられた人の反応の平均を引いたものがきっかり 0 になるだろうか？ そうはならないだろうが，偶然ありえないようなコイン投げの結果が続かないかぎり，平均値の差は 0 に近い値になるだろう。これは興味深い事実である。処置に因果効果がない場合，実験データから得られる値は，高い確率で 0 に近くなるのである。我々は現実に起こる 1 つの世界しか観測できないが，観測できない起こりえた世界について知ることができる。そして，処置を割り当てるために公正なコイン投げを繰り返し行うだけで，その観測できない起こりえた世界について知ることができる。これは有益そうだが，少し立ち止まって理解する必要がある。

前提として，処置には効果がなく，我々は処置の効果がゼロであることを推定しようとしている。あとで他の場合も推定するが，いまはこの前提のもとで進めて対象がゼロのときにゼロと推定するところまで行う。つまり，この節の残りの段落を通して，処置効果がゼロであるということが前提である。すべての人に対して処置の効果がないのであれば，各個人に対して処置を受けた場合とそうでない場合の 2 つの潜在的な結果（アウトカム）は等しいことになる。つまり，任意の個人 i について，2 つの潜在的アウトカムは等しく $r_{Ti} = r_{Ci}$ であり，因果効果はゼロ（$0 = r_{Ti} - r_{Ci}$）である。

いま仮定しているように，処置に効果がない場合，ペアは $0 = r_{Ti} - r_{Ci}$ となる 3 つのタイプに分かれる。1 つ目のタイプは，処置 T かコントロール C かにかかわらず 2 人とも生存する場合である。この場合，ペアの 2 人の潜在的アウトカムは，どちらも生存の $r_{Ti} = r_{Ci} = 1$ であり，T と C のどちらがコインで選ばれても，処置の人とコントロールの人の反応の差は $1 - 1 = 0$ である。

2つ目のタイプは，処置 T かコントロール C かによらず死亡する運命にある 2 人の場合である．この場合，ペアの 2 人の潜在的アウトカムは，どちらも 0（$r_{Ti} = r_{Ci} = 0$）であり，T を割り当てられた人と C を割り当てられた人の差は，コイン投げの結果によらず，$0 - 0 = 0$ である．

3つ目のタイプは，Kim と James の例のように 1 人は生存し，もう 1 人は死亡する場合であり，処置 T からコントロール C に切り替わってもそれは変わらない．この場合では，公平なコイン投げによって 1 人に処置が，もう 1 人にコントロールが割り当てられるということがポイントである．そのようなペアのときは，Kim と James のときと同様に，処置 T を受けた人とコントロール C を受けた人の差は，2 分の 1 の確率で $1 - 0 = 1$，または $0 - 1 = -1$ となる．このようなペアをたくさん作ると，大数の法則と呼ばれる確率論の定理により，1 と -1 の平均は次第にゼロに近くなる．つまり，半分の確率で 1 が出て，もう半分は -1 になり，それを何度も繰り返せばコイン投げによる平均はほとんどゼロになる．

ここで，処置 T に無作為に割り当てられた人とコントロール C に無作為に割り当てられた人における生存率について考えてみよう．1 つ目と 2 つ目のタイプのペアでは，コイン投げの結果によらず生存率の違いにはまったく影響しない．3 つ目のタイプのペアは，コインの表裏の出方によってランダムに生存率の違いに影響し，その大きさは半分の確率で 1，半分の確率で -1 である．つまり，処置 T とコントロール C の生存者数の差は，タイプ 1 と 2 のペアが示す多くのゼロと，コインの出方によってランダムに 1 か -1 を示すタイプ 3 のペアの値で構成される．この合計をペアの数，つまりコイン投げの回数で割ると，処置 T とコントロール C の生存者の割合の差が得られる．ペアの数が増えるにつれて，1 のペアの差が -1 のペアの差を打ち消し合って，生存率の差はゼロに近づいていく．コインの裏表はランダムなので完全には相殺しないが，コイン投げの回数が増えるにつれて，大数の法則により生存率の差は相殺してゼロに近づく．つまり，処置に効果がない場合，処置群とコントロール群の生存者の割合の差はゼロになる傾向を示す．

この議論は数段落に及んだので，おさらいしよう．Kim と James の組について，コイン投げによって 1 人に処置を，もう 1 人にコントロールを割り当てることを考えた．この場合の因果効果は，表と裏の平均をとれば正しかったが，平均をとらない場合はコインの出方によらず完全に間違った値が推定された．しかし，粘り強く続けて，一組のペアと 1 回のコイン投げではうまくいかなかったことが，何組ものペアで何回もコイン投げを試すことでうまくいったのである．1 回のコイン投げでは，コインが表でも裏でも答えが間違っていたから，平均すれば正しいということには何の意味もなかった．しかしコイン投げを何度も繰り返した場合には，平均すれば正しいということには意味があった．平均すれば正しいということは，コインを投げる回数が増えるにつれて，誤差が相殺され，平均すれば誤差がゼロになる傾向があることを意味したからだ．

コインを 1 回投げる場合と何回も投げる場合に見られるこの違いは，何も不思議なことではない．その違いを生み出すのはコインと関係があり，因果推論とは特に関係がない．これはギャンブラーとカジノの違いのようなものだ．ギャンブラーは勝つこともあれば負けることもある．喜びとともに帰路につくこともあれば，悲しみに暮れることもある．カジノは，勝つこともあれば負けることもあるが，最終的には平均的な利益を得る．カジノは決してギャンブルをせず，常に平均的に利益を得ることに徹する．カジノの巧みさは，カジノ側が有利な少し不公平な賭けを皆に提供し，平均的に利益を得ることにある．カジノは，良い意味で退屈である．カジノは常に，少なくとも平均すれば勝つ．そして多くのコイン投げでは，平均がすべてなのである．魔法はコイン投げそのものにあるのではない．魔法は，因果推論をコイン投げの問題に還元し，その表裏によって起こりえた世界を覗き込むことにある．

コイン投げを繰り返せば，初歩的な因果推論は可能であり，これはよく行われていることでもある．十分多くの人を対象にたくさんコイン投げをすれば，効果がなければ何の効果もないとはっきりわかるだろう．ただ，公平なコインは必要不可欠であり，それがなければ議論は破綻する．仮に

Kim を見て,「君は処置 T で効果がありそうなタイプだね」と言い,James を見て,「私は君の外見が好きじゃないから,コントロール C を受けるんだ」と言っていたら,処置割り当てが不公平になってしまう.不公平な処置の割り当てをすれば,先に見たように 20 世紀もの間その処置の効果を見誤ることになる.

要するに,因果効果は起こりうる世界での結果(アウトカム)を比較するものであるが,実際に見ているのは現実の世界 1 つだけである.最初はこれが問題のように思える.実際に起こった世界 1 つから,起こりえた世界についてどうやって知ることができるのだろうか? そこで我々は大胆な方法をとった.起こりえる世界のどれが実際の世界になるかをコイン投げで決定したのだ.多くの人に対して,誰が処置を受け,誰がコントロールであるかをコイン投げで決定したのである.この思い切った方法は,実際に見た現実の世界が,起こりえた多くの世界から無作為に選ばれたものであることを意味している.そして,コイン投げに対して大数の法則が示すように,実際の世界における平均値は,起こりえた世界の平均値に収束していく.要は,実際の世界はコイン投げを何度も繰り返して作られているので,そこには実世界から推測できる多様な起こりえる世界の側面が含まれているのである.この話題については第 2 章で検討する.

平均処置効果 (ATE)

コイン投げで処置を割り当てることで,処置に効果がない場合にはそのことを確認することができた.では処置に効果がある場合はどうだろうか?

処置が Kim と James のどちらに影響するかにかかわらず,Kim と James に対する処置の平均効果は,Kim に対する効果 $r_{Tk} - r_{Ck}$ と James に対する効果 $r_{Tj} - r_{Cj}$ を足して 2 で割ったもの,すなわち ATE $= (1/2)(r_{Tk} - r_{Ck} + r_{Tj} - r_{Cj})$ である.もし処置が Kim にも James にも効果がなければ,ATE $= 0$ である.もし ATE $= 1/2$ なら,Kim か James のどちらかがコントロールでなく処置を受けることで命拾いしたことになるが,他方の運命は変わらないといえる.とはいえ先ほどと

同様に，実際には ATE は計算できない．なぜなら，Kim に対しては r_{Tk} か r_{Ck} のどちらかしかわからず，James に対しては r_{Tj} か r_{Cj} のどちらかしかわからないからである．

　もし Kim と James の両方に処置を割り当てたとすると，処置に対する反応の平均，すなわち $r_{T+} = (r_{Tk} + r_{Tj})/2$ が観察され，反対に両方にコントロールを割り当てたとすると，コントロールに対する反応の平均 $r_{C+} = (r_{Ck} + r_{Cj})/2$ を観察することになる．全員が処置を受けた場合は r_{T+} がわかり，全員がコントロールを受けた場合は r_{C+} がわかるが，ATE を知ることができないのと同じ理由で，r_{T+} と r_{C+} の両方を知ることはできない．これらの式を変形すると，$r_{T+} - r_{C+} = $ ATE であることがわかる[6]．これは，1 クラス 30 人の生徒について，中間試験と期末試験の各個人の成績の差の平均が，30 人の中間試験の成績の平均から期末試験の成績の平均を引いた差として計算できるのと同じである．つまり差をとってから平均をとっても，平均をとってから差を求めても同じである．

　この式変形によって $r_{T+} - r_{C+} = $ ATE という，観測できない 2 つの量の関係を得る．これは役に立つのだろうか？　一見したところ，役に立つようには見えない．

$\mathcal{2}$

無作為化実験

エボラウイルス病への処置効果

エボラウイルス病（エボラ出血熱）の初期症状はインフルエンザの症状に似ていて，発熱，倦怠感，頭痛，筋肉痛，咽頭痛である．そして嘔吐，下痢，肝臓や腎臓の機能低下，内出血，外出血，歯茎の出血，血便などの症状が現れる．感染者のおよそ半数は死亡する[1]．

Sabue Mulangu, Lori Dodd, Richard Davey Jr. らは，無作為化臨床試験を行い，エボラウイルス病に対するいくつかの処置を比較した．この試験は 2018 年 11 月から 2019 年 8 月にかけて，キンシャサ大学と米国国立アレルギー・感染症研究所の共同研究として，コンゴ民主共和国で実施された．この試験は PALM 試験と呼ばれ，スワヒリ語で「共に命を救う」を意味するフレーズに由来する頭字語であり，無作為化臨床試験全般を説明する適切なフレーズである．この試験に関する以下の私の考察は，その特徴のいくつかを簡略化したものである[2]．

PALM 試験という印象的な名前の臨床試験は，ZMapp と mAb114 という覚えにくい名前の 2 つの薬剤を比較したものである[*1]．1 つ目の ZMapp は，免疫マウスに由来するいくつかのモノクローナル抗体から作製された

[*1] 訳注：ここでは ZMapp と mAb114 の 2 種類の薬剤に絞って議論が進められているが，実際の PALM 試験では 4 種類の薬剤（他の 2 つはレムデシビルと REGN-EB3）が比較された．訳注 [*2] も参照．

ものだ．2つ目の mAb114 は，エボラウイルス病流行時の生存者の1人から得られたモノクローナル抗体より作られた．どちらの薬もヒト以外の霊長類には効果が確認されていた．ヒトに対してどちらの薬が優れているのだろうか？ より多くの命が助かるのはどちらの薬であろうか？

戦いにおいて，真の英雄は実際に戦った兵士たちである．臨床試験において，真の英雄は参加した患者たちである．患者たちにとって臨床試験の治験内と治験外とではどちらが安全なのだろうか？ 誰しも，医療従事者にとっては患者の健康が最優先で，経済的利益はその次であってほしいと思うのは自然である．非実験的な医療について我々が抱く理想とは関係なく，米国国立衛生研究所が資金を提供している臨床試験の内部で何が起こっているのか，より多くの人々が目を光らせていることは確かである．PALM 試験では，処置計画と実験デザインは，キンシャサ大学と米国国立アレルギー・感染症研究所の2つの倫理委員会によって審査された．その臨床試験に参加するためには，患者本人またはその親の書面によるインフォームド・コンセントが必要であった．独立委員会（効果安全性評価委員会）が治験関係者たちと患者の経過を注視していた．効果安全性評価委員会は，慎重に計画された中間解析に基づき，成功率が低いことが判明した2つの処置[*2]を早期に中止したため，それ以降に患者たちがその処置を受けることはなかった．

この2つの倫理委員会は実際に何をしたのだろうか？ とりわけ，比較される処置の間の臨床的均衡（equipoise）をチェックしたのである．Alex London は以下のように記している[3]．

> 臨床的均衡の原則によれば，いくつかの治療介入について，治療効果，予防効果，診断の利点に関して不確実な点や専門家の意見の対立がある場合，他の治療介入の方がより良いというコンセンサスがない場合に限って，それらの中から，1つの治療介入を患者に割り当てることが認められる．処置間に臨床的均衡が成り立っ

[*2]　訳注：ここで2つの処置とは ZMapp とレムデシビルを指す．

ていることで，参加者は，少なくとも一定数の臨床の専門家に支持されている介入を受けることが保証されるのである．

John Gilbert, Richard Light, Frederick Mosteller はこう述べている[4]．

人を対象としたコントロールされたフィールド実験に反対する場合，その代わりに我々が何をしているのか，すなわち社会が実際に行っていることを考慮する必要がある．〔……〕お金を使い，時に人々を危険にさらしながら，学ぶことはほとんど何もないのである．無計画な方法は，人を対象とした「実験」ではなく，人をもてあそぶことである．

人を対象とした実験ともてあそぶ行為との違いは，PALM 試験とジョージ・ワシントンの瀉血治療との違いのような話である．

無作為化比較試験

PALM 試験では，169 人の患者に ZMapp が，174 人の患者に mAb114 が投与された．患者はどのようにしてどちらかに割り当てられたのであろうか？ 薬剤の割り当ては公平なコイン投げによって無作為に行われた．良い処置がどちらか判明していないという均衡状態が成り立っているとき，各患者が良い処置を受ける可能性は同じで公平であった．そして ZMapp は，それが劣った処置であることが明らかになった時点で早期に中止された．参加者がどちらの処置を受けるかは，その人の属性とは無関係で，ZMapp ではなく mAb114 を投与されたのは，純粋に運が良かったからにすぎなかった．劣った処置の ZMapp は，20 世紀もの間どころかたった 10 か月ほどで廃棄され，優れた処置の mAb114 は，それが優れていることが判明する前に，PALM 試験で半数の患者に投与された．

なぜ無作為に処置を割り当てるのか？

　それにはいくつかの密接に関連しあった理由がある．まず，一番重要というわけではないが，最も単純な理由を考えてみよう．PALM 試験に関する報告書の最初の表，いわゆるバランス表（balance table）には，ZMappまたは mAb114 を投与された 2 群の患者の処置前における状態を比較したものが記されている．処置前の個人の特徴を示す量は共変量（covariate）と呼ばれ，バランス表には共変量が記載されている．たとえば，mAb114ではなく ZMapp を受けることで年齢が変わるわけではないので治療開始時の年齢は共変量である．さらに，共変量は治療前の個人を表すので，その値は処置に影響されないことがわかる．

　バランス表は何を明らかにしているのだろうか？ mAb114 を処置される 174 枚の当たりくじと ZMapp を処置される 169 枚の外れくじがある公平なくじで予想されるように，処置前の時点では当たりを引く人と外れを引く人ではあまり違いはない．結局のところ，処置前に見られる差は偶然によるもので，コイン投げによってある患者は ZMapp に，別の患者はmAb114 に偶然割り当てられたことによるのである．この試験には成人，小児，さらに生後 7 日未満の新生児も含まれていたが，2 つの処置群の平均年齢は ZMapp 群は 29.7 歳，mAb114 群は 27.4 歳でほぼ同じであった．同様に両群は性別，体重，ワクチン接種歴，罹っている病気やその重症度，血液の化学組成やバイタルサインなどにおいてもほぼ同じであった．公表されたバランス表では，合計 27 項目のベースライン値が比較され，処置前の各群がほぼ同じであることが何度も確認された．

　性別について考えてみよう．ZMapp 群では 169 人中 87 人の 51.5% が女性であった．mAb114 群では 174 人中 98 人の 56.3% が女性であった．性別は共変量で，mAb114 または ZMapp のどちらが割り当てられるかには関係ない．つまり，女性の割合の 51.5% と 56.3% の差は偶然によるものであり，公平なコイン投げによるものである．これをもっと正確に表現するこ

ともできる．再び 343（= 169 + 174）枚のコインを投げて，新しい ZMapp 群と新しい mAb114 群を作れば，新しい無作為割り当てでは，それぞれの群に一定の割合で女性が含まれることになる．コンピュータがあれば，これを何回も，何百万回も繰り返すことができる．数百万回の実験をするごとに 343 枚のコインを投げて無作為化実験（randomized experiment）を行えば，コインを投げることによって ZMapp 群と mAb114 群の女性の割合がどう変わるのかが詳しくわかるだろう．実際の PALM 試験は，このような数百万の実験のうちの典型的な一例である．この数百万の実験のうち 39% は，PALM 試験での女性比率の差よりも大きくなり，61% は差がそれよりも小さくなる．もし試験がより大規模であれば，大数の法則によって 51.5% と 56.3% という女性比率の差はより小さくなる傾向を示すだろう．臨床試験の報告では，共変量のバランスを調整できていることを示すため，あるいは治験責任者が途中で失敗しなかったことを証明するために，一般的にバランス表が示されるが，バランス表を見なくてもコイン投げが共変量にどのように影響するのかはわかる．コイン投げの性質は数学的に解析できるので，公平なコインがどう影響するのかを探るためにコンピュータを動かす必要はない．

　もし同じ年齢の分布を示す 2 つの群を比較することが目的であれば，平均年齢が 29.7 歳と 27.4 歳よりも差が小さい 2 群を作ることは可能であるが，それが目的というわけではない．平均年齢を近づけるためには，処置の割り当てに年齢を使わなければならなくなってしまう．つまり，「ZMapp 群のこれまでの平均年齢は少し高すぎるので，次の 40 歳以上の患者には mAb114 を，次の 20 歳未満の患者には ZMapp を割り当てるべきだ」などと割り当てなければならなくなってしまうのである．問題は，年齢や他の測定した共変量に対してはこのようなことができるが，原因や結果についての議論は，決まって測定されていない共変量を巡って起こるという点である．このような研究を批判する人は，「たしかに，バランス表では両群は同等に見える」などと表面的には認める一方で，「だが，測定されなかった特定の共変量で両群は異なっている」などと，測定されなかった遺伝子

変異に言及したり，今から 10 年後にそのような要因が発見されるかもしれないという根拠もない推測で批判したりするだろう．

PALM 試験の研究者たちは，コイン投げで処置を割り当てているため，このような批判者が提起する懸念に対しては強力な反証がある．「10 年後に発見されるような遺伝子変異に対して，2 つの処置群が同等であると信じられるだけの十分な理由があり，そこに疑う余地もない．納得してもらうために，観察された共変量のバランス表を示したが，これはそれぞれの共変量のバランスをとるように手を加えたわけではなく，公正なコイン投げによるものである．コイン投げによって年齢，性別，血液の化学組成のバランスがとれているが，そのコインは年齢，性別，血液の化学組成について何か知っていたわけではない．だから，同じコイン投げによってあなたの指摘するような遺伝子変異のバランスもとれている可能性が高い．」

未測定の共変量への懸念に対するこの強力な反論は，無作為化処置割り当てを行う第二のまたはそれ以上に重要な理由である．年齢のような測定された共変量の均衡を保った実験をデザインすることは誰にでもできる．10 年後に発見されるであろう共変量のバランスをとるような実験をデザインするには，それなりの工夫が必要である．無作為化はその両方の共変量のバランスをとることができるのである．無作為化が測定できる共変量のバランスをとることができるのは便利だが，それが測定されていない共変量や今後何十年か後になって見つかるような共変量のバランスをもとるのは驚きである．

無作為化処置割り当てと因果推論

無作為化処置割り当てには第三の，そして最も重要な理由がある．第 1 章で議論したように，無作為化は因果効果に関する推論の基礎である．無作為化実験における因果推論の理論は，1920 年代にロナルド・フィッシャーによって考案された．この理論の 2 つの側面，つまり平均処置効果の推定と，因果効果なしという仮説の検定は，続く 2 つの節で考察される．

無作為化は共変量のバランスをとるだけではない．それは，因果効果を

定義する $i = 1, 2, \ldots, I$ の潜在的アウトカム (r_{Ti}, r_{Ci}) のバランスもとる．コイン投げは，人物 i が誰であるかに関係なく公平に割り当てる．特に，コイン投げは，処置群またはコントロール群における人物 i の運命がどうであるか，つまり (r_{Ti}, r_{Ci}) がどうであるかにかかわらず，処置群とコントロール群で (r_{Ti}, r_{Ci}) のバランスをとる傾向がある．このことから処置群とコントロール群の平均の差が平均処置効果の推定値となることがわかる．

平均処置効果の推定

ある個人 i に対する処置の効果は，この個人が処置 T を受けた場合に示す反応 r_{Ti} と，コントロール C を受けた場合に示す反応 r_{Ci} との比較である．PALM 試験では，主要評価項目は治療開始 28 日後の生存状況であり，1 が生存，0 が死亡を表す．mAb114 を処置 T，ZMapp をコントロール C とすると，各患者に対して mAb114 を投与した場合の潜在的な生存状況 r_{Ti} と ZMapp を投与した場合の潜在的な生存状況 r_{Ci} が存在する．具体的には，$r_{Ti} = 1$，$r_{Ci} = 0$ であれば，患者 i は mAb114 の処置により生存したことを意味する．問題は，ワシントンの場合と同様に，ある患者 i について知ることができるのは，r_{Ti} か r_{Ci} のどちらか一方だけで，両方を知ることはできないということである．つまり，処置を受けなかった方の結果は推測でしかないのである．だが集団に対しては，実験が推測の代わりとなる．

mAb114 または ZMapp のいずれかを受けた $I = 343$ 人の患者について，平均処置効果は $i = 1, 2, \ldots, 343$ 人の効果 $r_{Ti} - r_{Ci}$ の平均だが，効果は 343 人のどの患者についても観察されていない．その計算に必要なものが揃わないので，PALM 試験のデータから平均処置効果を計算することはできない．

第 1 章の最後で，平均処置効果が実際に計算できない 2 つの量の差に等しいことを簡単な計算で示した．具体的には，ATE $= r_{T+} - r_{C+}$ であり，r_{T+} は $I = 343$ 人の患者全員に mAb114 を投与したときの生存率であり，

r_{C+} は $I = 343$ 人の患者全員に ZMapp を投与したときの生存率である．343 人のうち 174 人だけが mAb114 を投与されたので r_{T+} はわからないし，343 人のうち 169 人だけが ZMapp を投与されたので r_{C+} もわからない．簡単な計算だけでは因果推論には不十分である．

それにもかかわらず，PALM 試験には因果推論に必要なものが揃っている．$I = 343$ 人の患者全員について mAb114 処置下の生存率を観察することはできなかったが，343 人の患者の約半数の 174 人の患者については，その生存率を知ることができた．mAb114 を投与された 174 人の患者のうち，113 人が 28 日まで生存し，61 人が死亡したので，生存した割合は $113/174 = 64.9\%$ である．r_{T+} は $I = 343$ 人の患者全員から計算される生存率を表すので，このサンプルに対する生存率は r_{T+} ではないが，直感的には r_{T+} の良い推定値であると思われる．この直感が正しい理由については後述する．同様に，ZMapp を投与された 169 人の患者のうち，85 人が 28 日まで生存し，84 人が死亡したので，生存した割合は $85/169 = 50.3\%$ である．こちらも同じく，r_{C+} は 343 人の患者全員についての生存率を表すので，このサンプルに対する生存率は r_{C+} ではないが，r_{C+} の良い推定値である．平均処置効果は ATE $= r_{T+} - r_{C+}$ であるから，ATE の妥当な推定値として $0.649 - 0.503 = 0.146$ が得られ，これは ZMapp の代わりに mAb114 を投与した場合，生存率が 14.6%増加することを意味する．

どういう理由で，$113/174 = 64.9\%$ は，343 人全員に mAb114 を投与した場合の生存率（r_{T+}）の妥当な推定値なのであろうか？ 343 人の患者の半数強が mAb114 投与下で生存しているのを見ると，安心できるような気がするが，本当はこれで安心すべきではない．若かったり，熱が低かったり，ウイルス量が少なかったりする 174 人に mAb114 が投与されていたら，$113/174 = 64.9\%$ という推定値は，343 人全員に mAb114 を投与した場合の効果とはかけ離れた値を示すことになる．$113/174 = 64.9\%$ が mAb114 投与時の生存率 r_{T+} の妥当な推定値であるのは，mAb114 を投与された 174 人の患者が無作為に選ばれたからである．熱が低い 174 人の

患者をあえて選んで mAb114 を投与することは，無作為抽出と比較すると
あまりにもひどいやり方だ．mAb114 を投与する 174 人を 343 人の中か
ら選ぶ方法は 7.4×10^{101} 通りあり，熱の低い 174 人を選ぶことは，発熱
のバランスという観点では，最悪の方法である．無作為化を行えばこのよ
うなひどい選択が起こることは考えられない．無作為化によって発熱に関
してもバランスをとる可能性が高く，実際に処置前の体温は mAb114 群
で 37.4°C，ZMapp 群で 37.5°C であった．

　発熱のバランスがとれていることよりも，無作為化により mAb114 投
与下の潜在的生存率 r_{Ti} のバランスもとられている可能性が高いことの方
がはるかに重要であろう．113/174 = 64.9% という値が 343 人の患者全
員が mAb114 を投与された場合の生存率の良い推定値となるのは，まさ
にこのためである．処置前の体温のような共変量では，mAb114 群では
37.4°C，ZMapp 群では 37.5°C という両群の値を知ることができるが，も
し mAb114 群でしか体温が記録されていなかったとしても，さほど大き
な違いはない．これと同様にして，無作為抽出した 174 人の患者について
だけ mAb114 を投与した場合の生存率 r_{Ti} を観察することで，343 人全
員に mAb114 を投与した場合の生存率 r_{T+} について十分に知ることがで
きるのである．

　第 1 章では，コイン投げで Kim か James のどちらかを処置に，もう一
方をコントロールに割り当てることを考えた．平均処置効果の推定値は，
コインの表が出た場合は，処置を割り当てられた Kim からコントロール
を割り当てられた James を引いた $r_{Tk} - r_{Cj}$ で，逆にコインの裏が出た
場合は，処置を割り当てられた James からコントロールを割り当てられ
た Kim を引いた $r_{Tj} - r_{Ck}$ であった．コイン投げの結果が表であろうと
裏であろうと，この推定は的外れであった．しかし，実際にはできないが，
表と裏の場合を同じ 1/2 の確率で平均化することができれば，不思議なこ
とに表と裏の場合の推定値の平均は ATE に等しくなる．このようにコイ
ン投げを平均することは，いわゆる ATE の推定値の期待値を計算するこ
とであり，その推定値の期待値は，推定したい量である ATE と等しいこと

がわかった．このような性質を持つ推定値は，専門用語で不偏（unbiased）と呼ばれる．つまり，Kim と James の比較は，ATE を推定するものとしては不偏であったが，推定結果が非常に不安定で，コインが表か裏かに左右され，役に立たないものであった．

PALM 試験では，Kim と James の比較における長所は残し，短所は改善されている．PALM 試験では，コイン投げで Kim か James を処置に割り当てたときと同じように ATE の推定値は不偏だが，推定値はより安定していた．不偏な推定値を得るのは難しく，無作為化による処置の割り当てが必要であったが，その推定値を安定させるには，単に人数を増やし，コイン投げの回数を増やせばよいだけである．

正確には，どういう意味か？ ATE の推定値 $0.649 - 0.503 = 0.146$ は不偏である．それはつまり，343 人の中から 174 人を選ぶ 7.4×10^{101} 通りの方法それぞれに等しい確率を与えて平均すると，処置群とコントロール群における生存率の差は平均的に ATE に等しくなるということだ[5]．Kim と James に処置を割り当てるのに 1 枚のコインを投げることと，PALM 試験で 343 枚のコインを投げることの違いは，ギャンブラーであることとカジノであることの違いに対応する．第 1 章の思考実験では，Kim は両方の処置のもとで生存し，James は両方の処置のもとで死亡したので，処置の効果に差はなかった．この Kim と James の場合については，コイン投げで表が出るか裏が出るかによって，100％生存させる効果があるという推定結果から 100％死亡させてしまう効果があるという推定結果へと変化する．PALM 試験ではサンプルサイズが大きいので，mAb114 群と ZMapp 群の生存率の差はより安定している．PALM 試験では，異なるコイン投げを行えば異なる人々が mAb114 群に選ばれて，ATE の違う推定値が得られるであろうが，343 回のコイン投げで ATE からかけ離れた推定値が得られる可能性はわずかである．

ある数学者が，本をテーブルから床に移動させる方法を尋ねられたときの話を紹介しよう．彼は「本を手に取り，かがんで，本が床に近づいたら手を離す」と答えた．次に，椅子から床に本を移動させる方法を尋ねられ，

こう答えた.「かがんで椅子から本を取り,まっすぐ立って本をテーブルの上に置く.そうしてすでに解決した問題に帰着させるのである.」

この数学者の的確な助言に従って,無作為化処置割り当てを行うことで,一見すると解決不可能な問題をすでに解決したことのある身近な技術的問題にまで還元することができる.第1章において明らかに解決不可能な問題とは,実現しなかった起こりえた世界を覗き見て,その起こりえた世界と実際に起こったことを比較することである.因果効果とは,実際に起こったことと,もし異なる処置を受けていたら起こっていたであろうこととを比較することである.無作為化処置割り当てによって,この問題は母集団からのサンプルに基づき,有限の母集団について推論するという小さな技術的問題にまで還元された[6].別の表現をすれば,実際の世界が可能な世界の集合からのランダムな抽出であるように実験を設計すれば,実現しなかった世界の側面について推論することができる.たとえば,十分に大規模な無作為化実験によって,無視できるほど小さな誤差で処置の平均効果を推定することができるのである.

効果なしという仮説の検証

因果効果がないという仮説は,ZMapp と mAb114 のどちらを投与されたかに関係なく,ある人は生存し,ある人は死亡するということを主張するものである.mAb114 を投与された 174 人の患者のうち,$113/174 = 64.9\%$ が 28 日間生存し,ZMapp を投与された 169 人の患者のうち,$85/169 = 50.3\%$ が生存した.これは効果なしという仮説が明確に誤りであるということなのだろうか? この差は処置による効果というより,コイン投げにより被験者を mAb114 群と ZMapp 群とに割り当てた結果,偶然そのような差が現れたということなのだろうか?

PALM 試験では,偶然によるものだと認められる差がいくらか見られた.ZMapp 群には,コイン投げにより 87 人の女性と 82 人の男性が割り当てられ,$87/(87 + 82) = 51.5\%$ が女性であった.同様に,mAb114 群には女性 98 人と男性 76 人が割り当てられ,$98/(98 + 76) = 56.3\%$ が女

性であった．この 4.8%（= 56.3% − 51.5%）という差は，そういう差に
なるような特異な出方でコインが落ちたという偶然の結果によるものであ
る．生存率の差 14.6%（= 64.9% − 50.3%）も，処置効果ではなく偶然に
よるものなのだろうか？

　生存率における差は偶然によるものだろうと考えることはできる．ただ
し論理的に可能なことすべてが現実に起こりえるとするのであればだが．
もちろん，そんなことをする人はいないし，そんなことを考えていたら，
誰も道路を渡ることすらできない．論理的に可能なことの多くは，とんで
もなくありえないことなのである．

　343 人の患者集団において，生存者は 113 + 85 = 198 人，つまり
198/343 = 57.7% である．生存者数 198 人の患者 343 人の集団におい
て，もし処置効果がないとすれば，コイン投げを繰り返して生存者数 113
人の mAb114 投与群の 174 人を選び，生存者数 85 人の ZMapp 投与群
の 169 人を選ぶことは理屈上は可能である．実際，このようなことが実現
する起こり方は多くある．このようなことが起こる 343 回のコイン投げの
表と裏の並び順は 1.51×10^{99} 通りある．一見，1.5×10^{99} という数字は
非常に大きな数字のように見えるが，343 回のコイン投げで 174 人の患者
を選び，mAb114 のグループに割り当てるやり方は 7.4×10^{101} 通りもあ
る．14.6%（= 64.9% − 50.3%）という生存率の差は偶然によるものだろ
うか？　この差に関する問いには論理的に可能であるという以上の意味があ
ることは明らかである．

　mAb114 と ZMapp の効果に差がないという仮説とは一体どういうこと
なのだろうか？　簡潔に言えば，我々はよく「効果なし」の仮説について言及
するが，これは処置とコントロールとで効果に差がないという意味である．
この仮説によれば，343 人の患者 i は，mAb114 を投与されても ZMapp
を投与されても，28 日までの生存期間は同じである．第 1 章で述べたよ
うに，mAb114 を T，ZMapp を C と書くと，効果がないという仮説は，
$i = 1, 2, \ldots, 343$ について，各患者 i について $r_{Ti} = r_{Ci}$ ということであ
る．この仮説は，フィッシャーの無作為化実験の理論で重要な役割を果た

28 | 2. 無作為化実験

したので，一般にフィッシャーの無効果仮説（Fisher's hypothesis of no effect）と呼ばれている．この仮説を信じるのに，コイン投げについてどんなことを仮定する必要があるだろうか？ もしこの仮説が正しいとしたら，14.6%（= 64.9% − 50.3%）の生存率の差は，公平なコインを2回投げて2回表が出るようなよくある出来事だろうか，それともコインを7回投げて7回とも表が出るような，かなり稀な出来事だろうか？

公平なコインを2回投げて2回とも表が出る確率は $1/2^2 = 1/4$ であるが，公平なコインを7回投げて7回とも表が出る確率は $1/2^7 = 0.0078$ である．1000人が公平なコインを2回投げれば，2回表が出るのはおよそ250人である可能性が高い．1000人が公平なコインを7回投げれば，7回表が出るのは8人以下と予想できる．コインを7回投げて7回表が出れば，そのコインが公正であることを疑う理由になるが，コインを2回投げて2回表が出るくらいでは，そのコインが公正であることを疑う理由にはならない．

PALM試験において生存することは，コインを2回投げて2回表が出た場合と，7回投げて7回表が出た場合のどちらの場合に類似しているのだろうか？ 全343例の患者においてmAb114とZMappの間に差がない場合，14.6%の生存率の差は珍しいことなのか，それともよくあることなのか？

ここで，2つの点に注意を払う必要がある．実際には，mAb114はZMappに14.6%の差をつけた．仮にmAb114がZMappに14.6%より大きな差をつけていたとしたら，なおさら注目していたであろう．差が14.6%である確率ではなく，それより大きい確率が知りたいのである．また，試験前にはmAb114が優位なものになるとは知らなかった．もしZMappが14.6%の差で勝っていたとしたら，我々は14.6%より大きな差でZMappが勝つ確率に注目していただろう．

これら2つの点を考慮して修正した問いは，「もしmAb114とZMappの効果に差がなかったとしたら，コイン投げだけで実際に観察した以上の生存率の差が生じる確率はどれくらいだろうか？」となる．そして，答え

は 0.0083 である．PALM 試験における生存率の差は，コインを 2 回投げて 2 回とも表が出る確率 $1/2^2 = 0.25$ よりも，コインを 7 回投げて 7 回とも表が出る確率 $1/2^7 = 0.0078$ にとても近い．mAb114 による死亡率の減少の効果がなければ，生存率に 14.6%（$= 64.9\% - 50.3\%$）の差が生じるのはコイン投げだけで説明するにはありえないほどである．

0.0083 という確率はどこから来るのだろうか？ それは公平なコイン投げの性質から来ている．コンピュータにこの作業を任せることもできる．効果なしという仮説によれば，343 人の患者集団には，mAb114 と ZMapp のどちらを投与しても生存する人は $113 + 85 = 198$ 人，どちらを投与しても死亡する人は 145（$= 343 - 198$）人であり，投与された薬を別の方に置き換えても生存期間が変わることはない．仮説の真偽がどうであれ，仮説が主張しているのはそういうことである．このとき，コンピュータを使って 343 回の公平なコイン投げを行い，患者を mAb114 か ZMapp に割り当てることができる．その結果，mAb114 群と ZMapp 群とで生存率に差が生じる．その仮説のもとでは，どの薬剤を投与されるかによって生存率が左右されることはないから，このような生存率の差は偶然によるものであろう．コンピュータを使って何度もその手続きを行うことができる．もしコンピュータを使って，この作業を 1000 回行い，1000 件の仮想の PALM 試験を作成したとすると，1000 件のうち 8 件ほどは我々が見たのと同じかそれ以上の生存率の差が生じ，992 件ほどはそれ以下の差が生じると予想される．我々が見た生存率の差，14.6%（$= 64.9\% - 50.3\%$）は，理屈上は偶然によっても起こりえるが，とてもありえないほどの可能性である．

簡単にまとめると，ここまでの議論は次のとおりである．もし mAb114 と ZMapp の間に差がなかったとしたら，観察された生存率の差 14.6%（$= 64.9\% - 50.3\%$）は，コイン投げの結果によって，偶然ある患者が mAb114 に割り当てられ，別の患者が ZMapp に割り当てられたことに起因するのだろうか？ そのような割り当てが起こる確率は 0.0083 でほとんどありえない．mAb114 と ZMapp の生存率に対する効果に差がないと主張するためには，めったに起こらない割り当てがコイン投げによって偶然

30 | 2. 無作為化実験

生じたと考えなければならないのである.

コイン投げの何が特別なのか？

　無作為化実験では，公平なコイン投げに基づいて処置群またはコントロール群に割り当てる．無作為化実験では，コイン投げのどのような性質が重要で，どのような性質が副次的なものだろうか？

　半分の確率で表が出ることは重要ではない．サイコロを振って，1 か 2 が出たらその個人を処置群に割り当て，3，4，5，6 が出たらコントロール群に割り当てることもできる．この場合，処置の確率は 3 分の 1，コントロールの確率は 3 分の 2 となるが，それでも無作為化実験であることに変わりはない．この種の実験は，ある個人を処置に割り当てる費用が高額であり，コントロールに割り当てる費用が安価な場合に行われることがある．

　サイコロ投げやコイン投げには，公平なくじが引けるという重要な性質がある．このくじで当たりくじが出る確率は重要ではない．重要なのは，誰もが同じ確率で当たりくじを引けるということである．コインの場合，表の出る確率は 2 分の 1 だが，それは誰にとっても 2 分の 1 である．サイコロの例では，当たりの確率は 3 分の 1 だが，誰にとっても 3 分の 1 である．

　我々一人ひとりは唯一無二の存在である．その唯一無二である人たちを処置群とコントロール群に割り当てて，両群がまったく同じになるようにすることは不可能である．ワシントンもまた唯一無二の存在であり，もし彼が一方の群に属し，もう一方の群に属さないのであれば，処置群とコントロール群をまったく同じにすることはできない．無作為化によって，唯一無二な人たちが同じになるわけではないし，そのようなことは不可能である．無作為化によって，それぞれの人の属性などと処置やコントロールを割り当てられることとが無関係になる．我々はしばしば，「この人は大学に行くタイプだ」，「刑務所で終わるタイプだ」，「良い父親になるタイプだ」と言う．それに対して，無作為化実験は公平なくじ引きによるので，処置群に入るようなタイプの人というのは存在せず，実験前に「処置群に

入るのはこういうタイプの人間だ」と言うことはできない．人のタイプを
どんなに作り上げようが，コイン投げの表裏を予測することはできず，人
のタイプによってその人が受ける処置を予測することは決してできないの
である．

ジョージ・ワシントンの瀉血治療と体液理論

　18 世紀の医師たちは，瀉血することが患者に害を与えることを発見しえ
ただろうか？ 当時の医師について考えてみよう．当時，彼らにはコインが
あった．彼らはコインの投げ方を知っていた．アウトカムを測定し，生者
と死者を見分けることができた．確率の基本的な理解さえあった．彼らに
欠けていたものは何だろうか？ 先に述べたように，おそらくデューイが
「実験的な思考習慣」と呼んだものだろう．

　もし 18 世紀に患者にとって瀉血が有害であると発見できていたら，医
師たちは体液理論に基づいて構築された医学知識の体系に疑問を抱いてい
たかもしれない．無作為化実験における治療の成功または失敗は，疾患生
物学の基礎研究を刺激したかもしれない．そして，今日でもそうであるよ
うに，さらなる試験での評価につながるようなより良い治療法を生み出し
たかもしれないだろう．

3

観察研究—問題点の考察—

観察研究とは何か？

　無作為化実験は，倫理的に問題があったり，現実的でなかったりする場合がある．人体に有害な処置をすることはできない．喫煙によって引き起こされる病気を発見するために，被験者に強制的にタバコを吸わせることはできない．心的外傷後ストレス症候群を理解するために，被験者に実際に精神的外傷を負わせることはできない．米国環境保護庁は，ラドンガスのような毒性や発がん性のある物質について，人体に影響がない範囲を基準として定める業務を行っているが，曝露の有害性の程度を判断するのにヒトで無作為化実験を実施しているわけではない．その代わりに，無作為化されていない実験や観察研究——ウラン鉱山労働者のラドンガスへの曝露の影響を観察した研究のような——を含むさまざまな情報源を根拠として基準を定めていると考えられる[1]．個人が行うさまざまな決定——どんな教育を受けるか，アルコールや麻薬性物質をどの程度消費するか，貯蓄や借金をどの程度するか——は，その人の経済的な豊かさに影響を与える．政府が行う公私教育に関する施策や最低賃金に関する施策も，やはり個人の経済的な豊かさに影響を与える．しかし，これらの決定や施策の影響を無作為化実験によって調べることは現実にはできない．

　米国公衆衛生総監は 1964 年に発表した報告書『喫煙と健康（Smoking and Health）』の中で，非無作為化研究に基づき，喫煙が肺がんを引き起こすと結論づけている．翌年，この報告書を作成した諮問委員会のメンバー

であるウィリアム・コクランは，**観察研究**（observational study）を以下のような内容の実証研究であると定義した．「コントロールされた実験ができないときに，原因と結果の関係を明らかにすることを目的として行われる．コントロールされた実験ができないとは，効果を明らかにしたい手順や処置を任意に課すことができず，被験者を無作為に異なる手順に割り当てることができないという意味である」[2]．

　観察研究の目的は無作為化実験と同じく処置によって引き起こされた効果の推定であるが，コイン投げやコンピュータで発生させる乱数に基づいて処置が割り当てられるわけではない．タバコを吸うときにそうであるように，個人が自分で処置を受けるかどうかを選択しているかもしれない．最低賃金が引き上げられるか据え置かれるかは，各州が選択しているのだろう[3]．地震などの自然災害が，突然ある地域の住人にだけ感情的トラウマ（という処置）を引き起こすこともあるだろう[4]．米国連邦最高裁判所の違憲判断によって，急に政策変更（という処置）が生じることもあるだろう[5]．観察研究からは何がわかるのだろうか．処置が無作為に割り当てられていないことで，どんな問題が生じるのだろうか．

喫煙と歯周病の関係

　歯周病は歯と歯茎が徐々に離れていく症状を伴う病気である．喫煙は歯周病の原因となるのだろうか．Scott Tomar と Samira Asma は，「米国国民健康栄養調査 III（the US National Health and Nutrition Examination Survey，NHANES）」のデータを使った研究によって，この問いの答えはイエスであると結論づけた．米国疾病予防管理センターも同じ結論に達した．観察研究で現れる問題を具体的に説明するために，より新しい 2011 年〜2012 年の NHANES のデータを使って，同様の（喫煙が歯周病の原因となるかを問う）比較調査をしてみよう[6]．

　日常的に喫煙をしている人が，喫煙をしていないコントロール群と比較される．日常的な喫煙者は直近の 30 日間で毎日喫煙していて，平均喫煙年数は 30 年以上，90％が 14.9 年より長く喫煙している．コントロール群

は生涯喫煙本数が 100 本より少ない．調査では，441 人の日常的な喫煙者と 1506 人のコントロール群の歯の状態を比較する．

喫煙するかどうかを自分で選んでいても，喫煙者と非喫煙者を比較するのは問題ないのだろうか．喫煙者とコントロール群は比較可能なのだろうか．人々が喫煙するかどうかを自分で選んでいるときに，コイン投げやサイコロ投げのようにランダムに処置が割り当てられていると考えてよいのだろうか．この観察研究を無作為化実験のように考えてよいのだろうか．

実際，喫煙者とコントロール群はかなり異なっている．喫煙者の大部分は男性であるが（女性 177 人，男性 264 人），コントロール群の大部分は女性だった（女性 901 人，男性 605 人）．女性の 16.4% が喫煙者で，男性の 30.4% が喫煙者である，という言い方もできる（後では，こちらの言い方をする）．

性別だけから見ても，各自の選択による喫煙行動は無作為化実験とはまったく異なるように見える．1947 人の調査対象者の中に 441 人の喫煙者がいるので，全体の 22.7% が喫煙者である．机上の話としては，1947 人を無作為にそれぞれ確率 0.227 で喫煙者に割り当てることは簡単にできる．1947 枚のチケットの 441 枚に「喫煙者」，1506 枚に「コントロール」と書く．それらのチケットを箱の中に入れてよく混ぜた後，箱からチケットを 1 枚取り出す．そのチケットを 1 人目の割り当てに使う．取り出したチケットを箱の中に戻しよく混ぜた後，もう一度箱からチケットを 1 枚取り出し，2 人目の割り当てを行う．これを 1947 回繰り返す．

箱の中のチケットを使ったこの無作為化方法ではおおむね 22.7% が喫煙者に割り当てられるが，これは公平なくじとみせる．公平なくじであれば，女性は 16.4% が当たりくじ（「喫煙者」と書かれたチケット）を引き，男性は 30.4% が当たりくじを引くということはないだろう．そんなことが起きたら公平とはとてもいえない．ここでは実物のデータではなく机上の無作為化実験について話をしているので，1947 枚の公平なくじにおいて当たりくじの配分が男女でこのように不公平になる（女性は 16.4%，男性は 30.4%）確率を，第 2 章で取り上げたのと同じ方法で計算することができ

る．ここで考えた公平なくじが上述の不公平な当選結果になる可能性はきわめて小さく，3.2×10^{-13} という確率になる．実際にやるととてつもなく時間がかかるが，この抽選を 3.2×10^{13} 回行ったとしよう．上述の不公平な当選結果はこのうちたった1回程度でしか起こらない．つまり，女性と男性が喫煙において異なった振る舞いをするのは偶然ではなく，この観察研究においては無作為化実験のときとはまるで事情が異なっていることを意味する．さらに悪いことに，異なった振る舞いをするカテゴリーは性別だけではない．

喫煙者は高等教育を受けていない傾向があった．4年制大学の学位を持っている調査対象者の中で，喫煙者は 7.1% だけだが，4年制大学の学位を持っていない調査対象者では 29.9% が喫煙者であった．

喫煙者は収入が少ない傾向があった．世帯収入が貧困レベルの3倍以上の調査対象者では 12.1% が喫煙者なのに対し，貧困レベルの3倍未満の調査対象者では 29.8% が喫煙者であった．

喫煙者はコントロール群と比べてやや若かった——年齢は歯周病にとって重要な要素である．喫煙率の差は高年齢層で分けたときに最も顕著であった．60歳未満では 25.2% が喫煙者なのに対し，60歳以上では 16.6% が喫煙者であった．

属性を1つずつ見ても，喫煙者とコントロール群はかなり異なるように見える．複数の属性を同時に考慮すると，状況はさらに悪くなる．4年制大学の学位を持った60歳以上の女性では，喫煙者はわずか 4.3% だった．4年制大学を出ていない60歳未満の男性では，42.3% が喫煙者だった．これは10倍近い差である．公平なくじでは当選確率が10倍も違うということはありえない．

この10倍近い差はたった3つの属性から生じており，しかも年齢と学歴はそれぞれ2つに区切っているだけというかなり大雑把な分類である．学歴はグレード9未満（less than a ninth grade）*1) の人もいる．年齢は30歳から80歳以上にまで分布している．収入がまったくない人もいれ

---

*1)　訳注：日本の中学卒業未満．

ば，貧困レベルの5倍を超える収入の人もいる．なお，匿名性を保つため，NHANESのデータは年齢の記録は80歳，収入の記録は貧困レベルの5倍というキャップを設定している[*2]．

60歳以上／未満という大雑把な分類ではなく，実際の年齢を使うとどうなるだろうか．貧困レベルの3倍以上／未満と分けるのではなく，実際の収入を使うとどうなるだろうか．たった5つの共変量を問題にしただけでも，データは喫煙者の割合を計算できないほど少なくなってしまう．年齢と収入と学歴をそれぞれ5つのカテゴリーに分け，人種を黒人（Black）／その他に分け，性別を加えると，$5 \times 5 \times 5 \times 2 \times 2 = 500$のカテゴリーができるが，この500のカテゴリーに振り分けるべき喫煙者は441人しかいない．

ちょっとした統計マジックを使えば，500のカテゴリーすべてについて喫煙確率を推定することができる．ひとたびマジックを使うと，カテゴリーは必要なくなる．441人の喫煙者と1506人のコントロール群のそれぞれについて，特定の年齢・収入・学歴・人種・性別の人の喫煙確率を推定することができる．これらの喫煙確率の推定値はほとんどが異なる値になる．$441 + 1506 = 1947$人の調査対象者に，1753通りの確率の値が付与される．5つの共変量を使っただけでも，同一の人はほとんどいない．このマジックは神秘的なものではなく，統計学のテクニックを少しばかり使って実現することができる[7]．

推定された喫煙確率の範囲は3.2%から64.5%である．もはや10倍の差ではなく，20倍以上の差になっている．喫煙確率の推定値が最小の3.2%の人は，4年制大学を卒業し貧困レベルの5倍以上の収入がある61歳の女性である．喫煙確率の推定値が最大の64.5%の人は，58歳の男性で，グレード9未満の学歴で貧困レベルに満たない収入（貧困レベルの約3分の2）であった．

話を続ける前に，いったん立ち止まって，$441 + 1506 = 1947$個の数値

[*2] 訳注：つまり，80歳を超えると「80歳以上」，貧困レベルの5倍を超えると「貧困レベルの5倍以上」と丸められる．

を詳しく調べる方法を考えてみたい.

間奏曲—テューキーの箱ひげ図—

ジョン・テューキーは大量の数値からなる集団の重要な特徴を素早く把握する方法として箱ひげ図を提案した. 箱ひげ図（boxplot）を使えば，集団を任意の観点——たとえば，喫煙者か非喫煙者か——で分けてそれぞれの群がどのように違うのかを素早く把握することができる.

多量のデータがあるとき，代表値（typical value）を知ることが有用である. 調査対象者 1947 人の年齢を代表する値の 1 つは中央値の 50 歳である. 中央値が 50 歳とは，ちょうど 50 歳の人が何人かいることを無視すれば，半数は 50 歳以下，半数は 50 歳以上，ということである. 中央値は良い代表値の 1 つである.

もちろん，ほとんどの人は 50 歳ではない. 調査対象者 1947 人のうち，ちょうど 50 歳の人は 54 人しかいない. 人は多様である. ほとんどの人は典型的ではない. 典型から逸脱していることが典型的であるともいえる. 逸脱の程度に関する代表値を見る必要がありそうである.

中央値よりも上，つまり 50 歳より上の人について，代表的な年齢を見てみよう. 中央値は集団全体の良い代表値だった. 中央値より上側の集団の中央値を見てみよう. 中央値よりも上の年齢の人たちの中央値を計算すると 61 歳になる. 中央値より上の年齢の人たちの半分は 61 歳より上ということである. 61 歳より上の人が全体の 25%（4 分の 1），61 歳未満の人が 75%ということなので，この数字（中央値より上側の集団の中央値）は一般に第 3 四分位数（upper quartile）と呼ばれる.

中央値はここまで良い代表値になっている. 今度は，中央値より下側の集団でも中央値を見てみよう. 中央値より下の年齢の人たちの中央値を計算すると 39 歳になる. 39 歳未満の人が 25%（4 分の 1），39 歳より上の人が 75%ということなので，この数字（中央値より下側の集団の中央値）は一般に第 1 四分位数（lower quartile）と呼ばれる.

おおむね半数の人々は第 1 四分位数と第 3 四分位数の間，つまり 38 歳

から 61 歳の間にいる．半数は 39 歳と 61 歳の間，4 分の 1 が 39 歳未満，4 分の 1 が 61 歳以上，というのは調査対象者 1947 人のばらつき方をよく表現している．調査対象者 1947 人を代表する年齢は 50 歳，代表する年齢の幅は 39 歳から 61 歳ということになる．

中央値と 2 つの四分位数からわかることはまだある．調査対象者 1947 人の年齢について，第 1 四分位数の 39 歳は中央値の 50 歳より 11 歳下で，第 3 四分位数の 61 歳は 11 歳上である．中央値から 11 歳上までとると全体の 25% がとれ，11 歳下までとると全体の 25% がとれる．年齢の分布は中央値に関して対称になっているように見える．対称であることは必然ではない．後で見るが，収入の分布は対称ではない．第 1 四分位数が第 3 四分位数よりも中央値に近い．代表値である中央値付近の人たちにとっては，貧しい人々は金持ちよりもずっと近い存在である．このように，中央値や四分位数から分布の中心に近いところの対称性の有無がわかるのである．

人は多様だが，ばらつき方には傾向がある．スタジアムの群衆を見れば，標準的なばらつき方がわかる．年齢の四分位数（39 歳と 61 歳）は，年齢の標準的なばらつき方を教えてくれる．一方で，群衆の中で特に目立つ人もいる．彼らは単にばらついているというより際立った変わり者といえる．良い意味で変わっていることもあれば悪い意味でのこともあるし，その他の興味深い点で変わっていることもある．いずれにせよ，注意を払う必要がある人たちである．箱ひげ図では標準的なばらつき方よりも際立って変わっている少数の個人に注意を払うことができる．箱ひげ図では上側と下側に境界が設定され，その境界の外側の個体がそれぞれ別個の点としてプロットされる．調査対象者の半数は四分位数の外側，年齢でいうと 39 歳未満か 61 歳より上にいるので，四分位数の外側にいるのが変わり者というわけではない．変わり者の基準は何か．人の世と同じで，箱ひげ図でも変わり者であることの基準はいくぶん恣意的である．変わり者の標準的な境界は次の計算で得られる．四分位数の差（$61 - 39 = 22$）に 1.5 を掛けた値（$22 \times 1.5 = 33$）を第 3 四分位数に足した値（$61 + 33 = 94$）が上側の境界，第 1 四分位数から引いた値（$39 - 33 = 6$）が下側の境界になる．

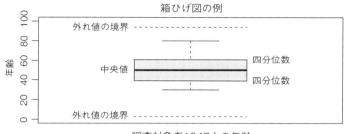

図1 箱ひげ図の例．調査対象者1947人の年齢について中央値および上下の四分位数を示す．外れ値の境界を超える調査対象者がいなかったため，別個の点としてプロットされている点はない．

NHANESにおいては，上述のように80歳以上を丸めている上に，30歳以上を調査対象としているため，年齢に関して境界の外にいる人はいない．つまり，別個の点としてプロットされる調査対象者はいない．

以上で箱ひげ図の構成要素——中央値，第1四分位数，第3四分位数，別個の点としてプロットされる「外れ値」の境界の定義——が揃った．図1は調査対象者1947人の年齢の箱ひげ図である．一目で多くのことがわかる．真ん中の横線が中央値の50歳である．つまり，半数がこれより上の年齢で半数がこれより下の年齢である．四分位数の間，すなわち39歳から61歳は，箱で表現されている部分に対応する．4分の1は箱より上，つまり61歳より上にいて，4分の1は箱より下，つまり39歳より下にいる．4分の1は箱の中の中央値50歳より上にいて，4分の1は箱の中の中央値より下にいる．外れ値の境界を超える人はいない．この例では説明のため外れ値の境界を表す線を描いているが，明示的には描かないのが普通である．箱から上と下に短い線（ひげ）が出ているが，この線は外れ値を除いて最大の点と最小の点のところまで引かれている．

箱ひげ図は数値の群の特徴を一目で捉えることを可能にするため，複数の数値の群を比較するときに特に役立つ．箱ひげ図を使えば，処置群とコントロール群が観察された共変量に関してどの程度比較可能であるかを一

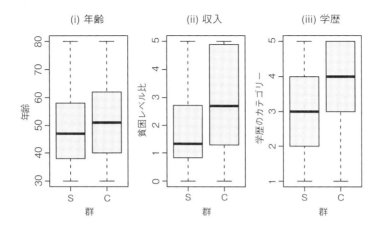

図 2 年齢・収入・学歴での喫煙者（S, smokers）とコントロール群（C, controls）の比較．収入は世帯収入の貧困レベルとの比．学歴は次のように数値に対応させている．1：グレード 9 未満，2：グレード 9 以上，高校卒業なし，3：高校卒業かそれと同等，4：准大学卒（some college），5：4 年制大学卒業以上．

目で把握することができるのである．

箱ひげ図で処置群とコントロール群が比較可能に見えるか

箱ひげ図を使えば，処置群とコントロール群が観察された共変量に関してどの程度比較可能であるかを一目で把握することができる．図 2 が実際に比較を行った図である．年齢・収入・学歴の 3 つの共変量について，喫煙者 441 人（S, smokers）とコントロール群 1506 人（C, controls）を比較している．

図 2 を一見して，喫煙者はコントロール群より数歳若く，収入も学歴も低いことがわかる．喫煙者の中央値は収入が貧困レベルをわずかに上回る程度で，学歴が高卒であったのに対し，コントロール群の中央値は収入が喫煙者の 2 倍以上で，学歴は「准大学卒（some college）」であった（NHANES の学歴カテゴリーの「some college」はおそらくコミュニティ・カレッジ

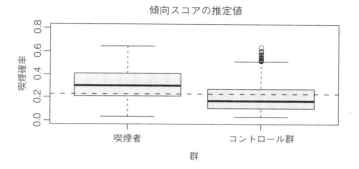

図 3 喫煙者 441 人とコントロール群 1506 人の年齢・性別・収入・学歴・人種に基づく推定喫煙確率（傾向スコア）．水平点線は全体の喫煙者の割合である $0.227 = 441/(441 + 1506)$．

等の准学士相当を表していると思われる）．

繰り返しになるが，図 2 では共変量を 1 つずつ考慮しているため，実際の状況は図 2 で見るよりはるかに悪い．すべての共変量を一度に考慮したらどうなるだろうか．我々が考慮した共変量は，年齢・性別・収入・学歴・人種である．これらの情報をすべて利用すれば，共変量を 1 つだけ利用するよりも，喫煙者かどうかの推測がうまくできる．図 3 は，被験者 1947 人の喫煙確率の推定値（前述）の箱ひげ図である．これらの推定値は，共変量である年齢・性別・収入・学歴・人種をまとめて反映している．測定された共変量（ここでは年齢・性別・収入・学歴・人種）が特定の値である人が処置群（ここでは喫煙者）である確率は**傾向スコア**（propensity score）と呼ばれる．

図 3 を見ると，喫煙者とコントロール群はかなり異なっている．当然ながら喫煙者の推定喫煙確率は高いが，問題はどれくらい高いかである．コントロール群の確率の中央値 0.166 は喫煙者の第 1 四分位数 0.207 を大きく下回っている．共変量を 1 つずつ考慮した図 2 では生じていない乖離である．

前に述べたとおり，図 3 における推定喫煙確率の最大値は最小の推定喫

煙確率の 20 倍以上である．箱の中のチケットを使った無作為化によって処置が割り当てられていたら，推定喫煙確率は全員等しく 0.227（図 3 の水平点線で示す値）になっていたと考えられるが，それとは大きく異なっている．

図 3 で示している確率は傾向スコアの推定値である．ある人の傾向スコアは，その人と同じ属性の組を持つ人が処置群に割り当てられる確率を表している．傾向スコアについては第 4 章で扱う．

比較不可能なグループのアウトカムを比較する

今回の観察研究のアウトカムは歯周病に関する指標である．親知らずを除いた 28 本のうち存在する歯について 6 か所ずつ，$28 \times 6 = 168$ か所を検査している．各調査対象者のアウトカムは，歯周病を示す箇所の割合であり，0%〜100%の間の値になる．各箇所が歯周病と判定されるのは，深さが 4 mm 以上の歯周ポケットがあるか，歯肉の歯からの剥離が 4 mm 以上ある場合である．

図 4 は喫煙者とコントロール群の歯周病の範囲を比較したものである．一見して，喫煙者はコントロール群よりはるかに歯周病が多いことがわかる．コントロール群の歯周病部位割合の中央値は 1.2%だが，喫煙者の中央値は 10 倍以上の 12.4%だった．第 3 四分位数は劇的な違いがあり，喫煙者では 42%だったのに対し，コントロール群では 7%だった．コントロール群の中には歯周病が広範囲に及ぶ者もいるが，数は少なく，コントロール群の外れ値としてプロットされている．

問題は，図 4 から何を読み取るべきかである．たしかに喫煙者はコントロール群よりも歯周病が広範囲に及んでいる．だが，その原因は何か．喫煙による影響なのだろうか．それとも，単に比較すべきでない人たちを比較しているだけなのか．図 4 は，単に比較できない人たちを並べて，それぞれが異なるという自明なことをいっているに過ぎないのだろうか．図 2 で見たように，図 4 の喫煙者の箱ひげ図には収入も学歴も低い男性が多く，コントロール群の箱ひげ図には収入も学歴も高い女性が多い．おそらく，

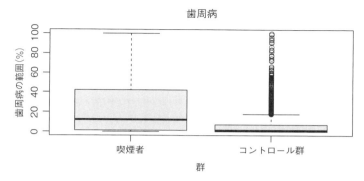

図 4 喫煙者 441 人とコントロール群 1506 人の歯周病の範囲.

収入や学歴が高い人ほど,より良い歯科治療を受け,より良い口腔衛生を保つような行動をしているのだろう.もしかしたら図 4 に見られるパターンには,喫煙の影響よりも,数十年に及ぶ歯磨きや歯間ブラシの使用や専門家による歯科治療の差が反映されているのかもしれない.

処置群とコントロール群の比較可能性に関わる問題は 2 つに分けられる.第一に,認識が容易で,多くの場合修正できる問題がある.我々はそれらを認識し,取り組み,修正し,修正したことを確認することができる.第二に,残念ながら容易に認識できず,ときにまったく見えないような問題がある.こうした問題に対処することは難しい.

認識が容易な問題は図 2 や図 3 を見れば一目瞭然である.喫煙者とコントロール群は測定された共変量の値が明らかに異なっている.第 4 章では,測定された共変量が比較可能に見える人たちを比較することによって,認識が容易な問題を修正できることを述べる.

しかし,測定されない共変量は常に存在する.常にである.喫煙者と非喫煙者は,アルコールや麻薬の消費など喫煙以外の中毒性行動の点でも,また性格や遺伝の点でも異なっていると考えられ,そうした違いは行動や病気に広範な影響を及ぼしうる[8].第 5 章では測定されない共変量に対処する方法を述べる.

測定された共変量に由来する第一の問題は,多くの場合修正できるし,

修正されたことがわかる．測定されない共変量に由来する第二の問題は，軽減したり部分的に対処したりすることはできるが，完全になくなることはない．対処の仕方によって，軽減された形で影響を及ぼし続けることもあれば，ときに影響がないところまで軽減できることもあるので，対処の仕方が重要になる．このように述べると，測定された共変量をコントロールするという課題は，観察研究における因果推論のマイナーな部分に過ぎず，測定されない共変量に対処するという課題こそ最重要であると思われるかもしれない．しかし，測定された共変量をコントロールするという課題は重要な共変量をできるだけ漏らさずに測定することを含んでいると考えれば，測定されない共変量に由来する問題を軽減させるという意味で2つの課題は同じ重要性を持っているといえる．

4

測定された共変量の調整

調整法としての共変量に基づくマッチング

　図4で，より広範囲の歯周病が喫煙者に見られることを確認したが，これが喫煙の影響によるものであると確信するには至らなかった．この図では，処置群とコントロール群について，歯周病に関するアウトカムを比較しているが，両者は比較可能でないからである．図2と図3を見れば，喫煙者と非喫煙者は直接比較できないことがよく理解できるだろう．こうした問題に対する最も単純な解決策は，比較可能な，あるいは少なくとも見える範囲では比較可能な個人を比較することだ．もちろん，比較可能に見えた場合でも，見えない部分，つまり測定できない要因によって比較可能でないという可能性もある．しかしひとまず，この章では，目に見える問題に着目することにしよう．

　ペアマッチングとは，441人の喫煙者と，1506人のコントロール群から選ばれた非喫煙者とでペアを作ることである．この目的は，性別・年齢・収入・学歴・人種といった測定された共変量が喫煙者と似ている，441人のコントロールを選ぶことだ．

　図5は図2とよく似ているが，441人の処置群（S, smokers），すなわち喫煙者と，同じく441人のマッチング後のコントロール群（mC, matched controls）について，年齢・収入・学歴という3つの共変量の分布を描いたものである．図5を見ると，図2と異なり，処置群とマッチング後のコントロール群の分布はよく似ている．両者とも年齢の中央値は47歳であり，

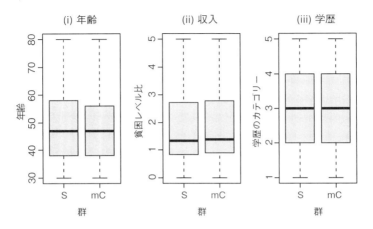

図5 441人の喫煙者(S, smokers)と441人のマッチング後の非喫煙者(コントロール,mC, matched controls)における3つの共変量.

収入の中央値は,喫煙者では貧困水準の1.33倍,マッチング後の非喫煙者では貧困水準の1.38倍である.学歴の中央値は,両者ともに高卒である.上下の四分位数に関しても,いずれの共変量においても近い値であり,分布全体が似通っていることがわかる.

また,性別と人種についても,マッチング後のコントロール群は処置群とバランスがとれている.デザイン上,喫煙者は1人の非喫煙者とマッチングするので,マッチング後のデータおける喫煙者の数は,$882 = 2 \times 441$人のちょうど50%である.しかしここで,重要な疑問がある.喫煙者の割合は,測定された共変量に基づいて部分集合を取り出したとしても,同様に50%になるだろうか.たとえば,男性だけ,女性だけを取り出した場合にも成り立つだろうか.あるいは,「高等教育を受けた高齢女性」を取り出した場合はどうだろうか.実際のところ,成り立つのである.

マッチング後のサンプルを見ると,喫煙者は主に男性で非喫煙者は主に女性,というパターンはもはやなくなっている.喫煙者の比率を男女別に見ると,男性では50.8%,女性では49.9%である.では,この男女におけ

る差は，882 人 ＝ 2 × 441 人 を無作為に 441 人の 2 つの群に分けた場合と同程度といってよいだろうか．実際に調べてみると，この程度の男女差は，無作為に群を分割した場合でも相応の確率（具体的には 0.63）で発生することがわかる．つまりこの程度の差は，無作為に分割した場合に想定される差と同等であるといってよい．これは人種についても同様である．マッチング後のサンプルを見ると，喫煙者の割合は黒人では 51.3%，黒人以外では 49.4%であるが，この程度の差は無作為に分割した場合でも起こりうる．年齢別に喫煙者の割合を見ても，60 歳未満では 49.5%，60 歳以上では 51.9%と差があるが，同様である．

こうしたバランスは，3 つの共変量を同時に見た場合でも成り立っている．マッチング前のサンプルを見ると，4 年制大学卒業以上で 60 歳以上の女性の喫煙率は 4.3%である一方，4 年制大学の学位を持たない 60 歳未満の男性の喫煙率は 42.3%であり，10 倍近い差がある．しかし，マッチング後のサンプルを見ると，この差はなくなっている．大学・大学院卒で 60 歳以上の女性の喫煙率は 50%で，高卒以下で 60 歳未満の男性の喫煙率は 50.7%となっている．

傾向スコアにおける不均衡

より多くの共変量で定義された小さなグループを調べようとすると，該当するデータが急速に少なくなってしまう．年齢・収入・学歴・性別・人種が異なれば，喫煙者である確率，すなわち傾向スコアは異なる．図 3 は，マッチング前のサンプルについて傾向スコアをプロットしたものだが，喫煙者と非喫煙者の間で大きく異なっている．では，マッチング後はどうだろうか．

図 6 はマッチング後のサンプルについて，喫煙者である確率，すなわち傾向スコアの推定値を比較したものである．図から，マッチング後の傾向スコアの箱ひげ図は，図 3 と違い，よく似ていることがわかる．

図 7 は，傾向スコアの分布をより詳しく見たものであり，マッチングがどのように機能しているかを理解するのに有用である．左端と右端の図

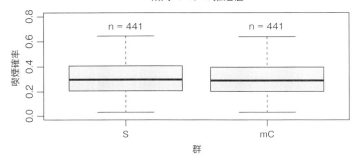

図 6 441 人の喫煙者（S）と 441 人のマッチング後の非喫煙者（コントロール，mC）における傾向スコア．

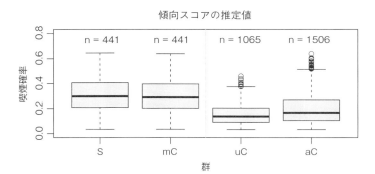

図 7 マッチングが傾向スコアの箱ひげ図に与える影響．それぞれの群は，S：喫煙者（smokers），mC：マッチング後のコントロール（matched controls），uC：マッチングに際して除外されたコントロール（unmatched controls），aC：コントロール全体（all controls）．

は，441 人の喫煙者（S）と，コントロール群の全体である 1506 人の非喫煙者（aC, all controls）で，図 3 の再掲である．左側の 2 つの図は，441人の喫煙者と，マッチング後のコントロール群である 441 人の非喫煙者（mC）で，図 6 の再掲である．右から 2 番目の図はここで初めて示すもの

で，マッチングに際してコントロール群から除外された 1065 人（つまり 1506 = 441 + 1065）の非喫煙者（uC, unmatched controls）の傾向スコアをプロットしたものである．つまりマッチングとは，1506 人の非喫煙者の中から，喫煙者に似た属性を持つ 441 人の非喫煙者を見つけ，似ていない 1065 人の非喫煙者を除外する，ということを意味している．

傾向スコアに基づくマッチングは，どのように測定された共変量をバランスするか

　傾向スコアという単一の測定された共変量は，年齢・性別・収入・学歴・人種といったすべての測定された共変量を要約したものである，とみなすことができる．図 6 において傾向スコアのバランスがとれているということは，すべての測定された共変量についてもバランスがとれている，とみなすことができる．また，傾向スコアに対するマッチングを行うことで，図 3 における問題だけでなく，図 2 における問題も解決する，とみなすことができる．なぜこのように「みなすことができる」のだろうか．この節では，傾向スコアに関するこれらの基本的な事実について，特に 1 つを取り上げて説明する[1]．

　第 2 章の PALM 試験よりも少し複雑だが，歯周病の観察研究よりはずっと単純な世界を考えてみよう．この世界において，あるグループは，公平なコインを投げ，表が出たら処置群，裏が出たらコントロール群に割り当てられる．また他のグループは，公平なサイコロを振って，1 が出たら処置群，それ以外が出たらコントロール群に割り当てられる．前者をコイン族，後者をサイコロ族と呼び，計算を簡単にするために，両者の人数は半々であるとしよう．また，コイン族とサイコロ族にはあまり共通点がなく，コイン族は高齢男性と若年女性，サイコロ族は高齢女性と若年男性で構成されているとしよう．問題は，コイン族とサイコロ族を扱う上で，年齢や性別といった細かい共変量は確率に任せて無視することができるか，ということだ．第 2 章の PALM 試験では，全員がコイン族であり，確率によって共変量のバランスをとっていた．しかしこの世界では，コイン族とサイ

コロ族という 2 つのグループがあり，処置に割り当てられる確率も，それぞれ 1/2，1/6 と異なっている．

処置に割り当てられる確率を全体として見ると，コイン族が 1/2，サイコロ族が 1/6，それぞれの比率は半々なので，$(1/2)(1/2) + (1/2)(1/6) = 1/4 + 1/12 = 4/12 = 1/3$ である．また，コントロールに割り当てられる確率は，$1 - 1/3 = 2/3$ である．しかし，この計算からわかるように，処置群のほとんどはコイン族であり，コントロール群のほとんどはサイコロ族である．つまり，処置群には高齢男性と若年女性が多く，コントロール群には高齢女性と若年男性が多い．この問題を，マッチングによって解決できないだろうか．

コイン族同士，サイコロ族同士をマッチングさせ，あとは運に任せるというのはどうだろうか．直感的にはうまくいくように思われる．コイン族だけで考えれば，これは無作為化実験である．サイコロ族は，処置に割り当てられる確率が 1/2 ではなく 1/6 だが，これも無作為化実験である．したがって，共変量はバランスするはずである．コイン族とサイコロ族をまとめてしまうと問題が起こったが，それぞれの中でマッチングすることで，別物として扱うことができる．だからうまくいく……いや，本当にそうだろうか．

コイン族同士をペアにすると，異なる 2 人がペアとなるかもしれない．たとえば，高齢男性と若年女性は同じコイン族なので，処置の高齢男性と，コントロールの若年女性がペアになるかもしれない．逆に，処置の若年女性とコントロールの高齢男性がペアになるかもしれない．では，コイン族の高齢男性と若年女性がいて，一方が処置，もう一方がコントロールであることがわかっているとき，どちらが処置であるかを当てることができるだろうか．もちろん，コイン投げなど，任意の方法で推測することはできる．しかし，コイン投げの結果が正解である根拠は何もない．本質的には，コイン投げを上回る予測方法があるかということだが，簡単ではなさそうだ．高齢男性が処置に割り当てられる確率は 1/2 だが，これは若年女性でも同じである．手元の情報から，処置が高齢男性であると考える理由はないし，若年女性であると考える理由もない．実際のところ，コイン投げに

勝つことはできない．コイン族同士をペアにし，一方が処置，もう一方が
コントロールであることがわかっているならば，処置である確率はどちら
も同じである．このコイン族同士のペアは，無作為化実験のようなものだ．
つまり，こうしたペアを多く集めれば，高齢男性が処置で若年女性がコン
トロールのペアの数は，若年女性が処置で高齢男性がコントロールのペア
の数と，次第にバランスする．

　一見すると奇妙に感じるかもしれないが，同じことはサイコロ族同士の
ペアであっても成り立つ．ここに，サイコロ族の高齢女性と若年男性がい
るとしよう．一方が処置，他方がコントロールであることはわかっている
が，どちらかはわからない．どちらが処置か，コイン投げよりもうまく当
てることはできるだろうか．処置に割り当てられる確率は 1/6 なので，一
見すると，コイン投げには勝てるような気がしてしまう．サイコロ族はも
ともとコントロールである確率の方が高いからだ．しかし，そのことが推
測の役に立つだろうか．ここでも直面するのは，高齢女性と若年男性はど
ちらもサイコロ族であり，どちらかに差をつける理由がない，という問題
だ．サイコロ族はコイン族の状況とは異なっているように感じられる．と
いうのも，サイコロ族のペアについて，一方が処置で他方がコントロール
だとわかっているという状況は，コイン族のペアについて，同様のことが
わかっているという状況に比べ，より多くの情報を含んでいるからだ．コ
イン族同士のペアについてコイン投げで処置を割り当てる場合，コインを
2 回投げることで，1/2 の確率で処置とコントロールが 1 人ずつ，1/4 の
確率で 2 人とも処置，同じく 1/4 の確率で 2 人ともコントロールとなる．
したがって，コイン族のペアの一方が処置，他方がコントロールだとして
も驚くには当たらない．一方，サイコロ族同士のペアについて，サイコロ
を 2 回振って処置を割り当てるとすると，$(5/6)(5/6) = 25/36 = 0.694$
の確率で 2 人ともコントロールとなる．であるから，一方が処置群で他方
がコントロール群のサイコロ族のペアとは，かなり珍しい状況を考えてい
ることになる．図 7 のようなペアマッチングでは，一方が処置，他方がコ
ントロールであることを求める．問題は，そのようなペアから何がわかる

かである．たとえば，一方が処置で，他方がコントロールであるサイコロ族のペアを多く集めた場合，高齢女性が処置で若年男性がコントロールのペアと，若年男性が処置で高齢女性がコントロールのペアは同じ確率で出現する．したがって，多くのサイコロ族同士のペアと多くのコイン族同士のペアを集めれば，処置とコントロールにおいて，年齢と性別は次第にバランスする．

図7の場合も，状況は似ている．図7で，傾向スコア，すなわち年齢・性別・収入・学歴・人種に基づく喫煙者である確率が同じである処置とコントロールをペアにしたとしよう．この2人は傾向スコアが同じなので，年齢や性別，収入などが大きく異なったとしても，喫煙者であるかどうかを推測する助けにはならない．マッチングしたペアにおいて傾向スコアが同じなら，年齢・性別・収入・学歴・人種などの差は，ペアの数が多くなるにつれてバランスする．

これを説明するために，具体的な例として，図6の処置とコントロールから，同じ傾向スコアを持つ人を1人ずつ取り出してみよう．2人とも傾向スコアは0.20，つまり年齢・性別・収入・学歴・人種から推測される喫煙者である確率は1/5だが，実際には一方だけが喫煙者である．一方は高卒の49歳の女性で，世帯収入は貧困水準の1.97倍である．他方は短大卒の52歳の男性で，世帯収入は貧困水準の4.07倍である．どちらも黒人ではない．男性は女性よりも喫煙者である確率が高いが，高収入で高学歴の人ほど喫煙率が低いため，相反する2つの傾向がバランスをとった結果，この2人の場合，喫煙者である確率は同じ1/5となっている．このうち1人が喫煙者であるという情報があったとして，年齢・性別・収入・学歴・人種に関する詳細な情報は，どちらが喫煙者であるかを推測する上で何の役にも立たない．推測に役立ちそうな年齢・性別・収入・学歴・人種に関する情報は，すべて1/5という傾向スコアに含まれているのだ．傾向スコアという1つの変数でマッチングすることで，傾向スコアの算出に使われた変数のバランスをとることができる．傾向スコアは，しばしば数十から数百の共変量のバランスをとるためにも使われる．

4. 測定された共変量の調整 | 53

　共変量がバランスしている，とはどういうことだろうか．図5や図6が1つの答えである．喫煙者とマッチング後のコントロール群について，年齢や学歴，収入，傾向スコアを見ると，全体として同じに見える．別の答えは，傾向スコアを使って図6をスライスし，たとえば年齢といった共変量を調べることでわかる．図6において，傾向スコアが $1/5 = 0.20$ の上下0.05の範囲に入るサンプルを調べると，喫煙者は48人で年齢の中央値は47.5歳，非喫煙者は47人で年齢の中央値は48歳であり，似た値になっていることがわかる．同様に，傾向スコアが $1/10 = 0.10$ の上下0.05の範囲に入るサンプルを調べると，喫煙者は30人で年齢の中央値は52.5歳，非喫煙者は28人で年齢の中央値は51.5歳であり，共変量はバランスしていることがわかる．

　この節の最初の段落で「みなすことができる」と繰り返し述べた．ここまで述べてきたことから，年齢・性別・収入・学歴・人種から計算される傾向スコアは，5つすべての共変量をバランスするように働くとみなすことができる．注意点もある．第一に，明白かつ最も重要なことだが，年齢・性別・収入・学歴・人種から計算された傾向スコアは，測定できない他の共変量，たとえば子どもの頃に受けた歯科治療の質などといった要因をバランスさせることはできない．第二に，図7で示されているような傾向スコアは，推定値であって真の値ではない．推定の際にひどい仕事をすれば，推定値を使って共変量をバランスすることが，真の値を使うときのようにはうまくいかなくなるかもしれない．第三に，無作為化と同様，傾向スコアは共変量のバランスにおけるほとんどの仕事を運に任せるので，性別のようなサンプルサイズが小さくない一般的な属性については，バランスをとることができる．一方，「ジョージ・ワシントンであること」のようなユニークな属性については，バランスをとることはできない．

測定された共変量をコントロールしながらアウトカムを比較する

　図8は図7と同じ形式だが，アウトカム，すなわち歯周病の程度についてプロットしたものである．ここでのアウトカムは，口内の歯周病，すな

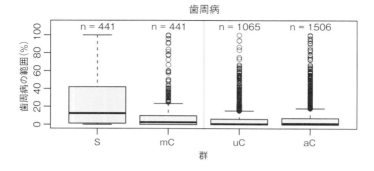

図 8 喫煙者とマッチング後のコントロールにおける歯周病の範囲．それぞれの群は，S：喫煙者，mC：マッチング後のコントロール，uC：マッチングに際して除外されたコントロール，aC：コントロール全体．

わち歯と歯肉の剝離を示す場所の割合である．図 8 には 4 つの箱ひげ図があり，それぞれ 441 人の喫煙者（S），441 人のマッチング後のコントロール（mC），1065 人のマッチングに際して除外されたコントロール（uC），1506（すなわち 441 + 1065 = 1506）人のコントロール全体（aC）である．

図 8 の喫煙者（S）とコントロール全体（aC）は図 4 の再掲である．しかし，ここから何かを読み取るのは少々難しい．図 2 で見たように，喫煙者とコントロール全体の年齢・性別・学歴・収入・人種は，相当程度異なっているからだ．たとえば，所得や学歴が高い人ほど専門的な歯科治療を受けていたり，歯科衛生を実践していたりするかもしれない．他にも，喫煙や飲酒，食事の内容にも違いがあるのではないか，といった懸念が成り立ってしまう．また，歯周病は年齢とともに増加する傾向があるが，喫煙者の方が平均年齢が低かった．喫煙者は男性に偏っていた．これに対して，年齢・性別・学歴・収入・人種の差を取り除いたマッチング後のコントロール（mC）と喫煙者（S）について，歯周病の程度を比較すると，喫煙者の方がより広がっていることがわかる．つまり，喫煙者に歯周病が広がっていることは，年齢・性別・学歴・収入・人種の違いによって説明されない，ということだ．なぜなら，共変量が似ている喫煙者と非喫煙者を比べると，

4. 測定された共変量の調整 | 55

非喫煙者の方が，歯周病の程度ははるかに軽いからである．ではこの差が，喫煙による効果ではなく，測定できない他の共変量によるものである可能性はあるだろうか．可能性はあるが，それは第 5 章のテーマとしよう．

図 8 を仔細に見ると，441 人のマッチング後のコントロール（mC）は，1065 人のマッチングにおいて除外されたコントロール（uC）と比べ，歯周病がわずかに多いことがわかる．この差が偶然というには大きすぎるが，0%～100%のスケールで見ると，1%の半分という小さなものである．つまり，共変量でマッチングした場合，コントロールの歯周病はわずかに変化したものの，喫煙者の歯周病の水準と比較すると，その変化は小さいといえる．今回の分析では大丈夫だったが，観察された共変量でマッチングすることで，処置効果とされたものが消えてしまう可能性ももちろんある．

その他のマッチング手法

マッチングによる比較では，傾向スコアが近い処置とコントロールをペアにする以上のことをしないかもしれないが，歯周病の分析ではさらに追加の処理を行っている．傾向スコアをマッチングすることで，傾向スコアに含まれるすべての測定された共変量をバランスすることができるようになるが，さらに他のマッチング手法を組み合わせれば，よりベストなマッチングサンプルを得ることができる．

これまで見てきたように，傾向スコアが近い個人でも属性が大きく異なることはありえる．図 7 で，小数点第 2 位に四捨五入した傾向スコアが0.16 である 12 組 24 人について見てみよう．傾向スコアが近いにもかかわらず，その属性は大きく異なっている．24 人の中に黒人はいないが，性別を見ると 20 人は女性で，4 人は男性である．年齢は 34 歳から 66 歳と幅がある．学歴を見ると，4 人は高卒で，4 人は 4 年制大学以上の学位を持っている．収入について見ると，貧困レベルの 2 倍未満から 5 倍以上まで幅がある．こうして見ると，傾向スコアが同じ 0.16 であるからといってこの 24 人をマッチング可能であるとみなすのは，強引であるように思われる．実際のところ，歯周病の分析で行っているマッチングにおいては，

傾向スコアが似ているというだけでペアを選んでいるわけではない．傾向スコアが近いことを前提としつつ，傾向スコアが近い個人が複数いる場合には，できるだけ似た属性を持つ個人がペアになるように選んでいる．たとえば，12 組のうちある組について見ると，2 人とも女性で，43 歳の高卒である．収入は，一方は貧困レベルの 2.72 倍，他方は 2.66 倍である．別の組について見ると，2 人とも 2 年制の准大学を卒業した男性で，収入は貧困レベルの 5 倍以上で，一方は 53 歳，他方は 54 歳である．

　傾向スコアは，共変量のバランスをとる作業のほとんどを確率に任せる．確率は，男性と女性，または高齢者と若年層のような大きなカテゴリーについてはうまく機能する．しかし，たとえば「学歴は准大学卒で 60 歳以上の女性で傾向スコアが低い人」といった複数の要素に基づくカテゴリーの人はほとんどいないため，大数の法則が成り立たず，確率によってバランスをとることができない．コインを 441 回投げれば表が出る割合は 1/2 に近づくが，3 回しか投げない場合には 1/8 の確率で表が 3 回，裏が 3 回出ることになるのだ．歯周病の分析におけるマッチングでは，可能なかぎり最良のバランスを達成すべく，傾向スコアのカテゴリーに加えて，性別，年齢（60 歳以上かどうか），学歴から作った 54 のカテゴリーを強制的にバランスさせている．441 人の喫煙者を 54 のカテゴリーに分けると，各カテゴリーの人数は平均して 441/54 = 8.2 人に過ぎず，14 のカテゴリーに至っては 3 人以下である．3 回コインを投げても大数の法則に頼れないことからわかるとおり，こうした複数の要素に基づくカテゴリーを強制的にバランスさせることは有用である[2]．

　マッチングは最も単純な調整方法である．図 2 のように，測定された共変量が処置群とコントロール群の間で明らかに異なるという問題は，図 5 のようにマッチングを行い，処置群と近いコントロール群の部分集合を比較することで解決できる．また，マッチングを行えば，これまで見てきたように，図を通じて何が起こっているのか感覚的に理解することができる．とはいえ，調整の方法は多く存在し，複数の方法を同時に用いることも珍しくない．

5

測定されていない共変量
に対する感度

牛乳の中に鱒を見つけたときのように，状況証拠が非常に強力なことも
ある [*1]．
　　　——ヘンリー・デイヴィッド・ソロー，日記，1850 年 11 月 11 日

反論，対抗仮説，競合仮説

　交響曲の後には拍手が起こる．観察研究の後には反論がある．よくある
反論は，いくつかの共変量が調整されているとしても，測定できていない
ためコントロールされていない他の共変量が存在する，というものである．
もしこの共変量が調整されていれば，見せかけの処置効果は消えていただ
ろう，と反論は続く．このような反論は，合理的な場合もあれば不合理な場
合もあるが，その判断は難しい場合が多い．観察研究に基づく主張によっ
て判断を間違ってしまうこともあれば，誤った反論によって判断を誤って
しまうこともある．どちらの場合も有害な結果をもたらすことがあるため，
どちらかを選んでおけば安全ということはほとんどない．
　科学的根拠が不十分であるとして研究結果を拒絶することが洞察力や高
い基準の証であるという考え方は，理解できるが間違っている．これは，
知識は高い基準をクリアした重要な成果であるべきであって，高い基準を
課すことは低い基準を課すことよりも常に正しい，とみなす考え方である．

[*1]　訳注：直接的ではないが，牛乳が川の水で薄められていることの決定的な証拠とみ
　　なせる．

この考え方のもとでは，知識の基準が非常に高く設定されるため，得られた知識が否定されることが多くなってしまう．この考え方の問題点は，実際は知っていたにもかかわらず適切な行動をとらなかったと，事後的に非難されるリスクを見逃してしまうことである[1]．たとえば，タバコ業界は長年に渡り，喫煙とがんや冠状動脈疾患との関係を示す証拠に対して，科学的根拠が不十分だと主張してきた．1990年代に入り，タバコ業界が訴訟によって巨額の賠償金を支払うことになった理由の1つは，喫煙とがんや冠状動脈疾患に関連があると知っていながら，疑義を呈していたからである[2]．

　科学的なエビデンスとそれに対する批判の間の適切なバランスはどのようなものだろうか．Irwin Bross は，読み込む価値のある小論の中で，次のように答えている[3]．

　　喫煙と肺がんをめぐる大論争において，統計学的批判の質は（批判者が著名であったのにもかかわらず）かなり低かったと思う．〔……〕統計学的な批判に関する基本原則への第一歩として，批判者と提案者の役割を考察してみよう．〔……〕批判者の役割は，一見すると完全に否定的に見えるが，肯定的な面もある．暗黙のうちに（ときには明示的に），対抗仮説を提示しているのである．〔……〕研究デザインにバイアスがかかっている，あるいは既存の要因をコントロールできていない，ということに異議を唱える批判者は，実際には（それを明言しないとしても）対抗仮説を提起していることと同じなのである．対抗仮説は批判の論理構造において不可欠であり，明示することで議論を円滑に進めることができる．〔……〕批判者は，自分の対抗仮説が妥当であることを示す責任がある．そうすることで，提案者と同じ基本原則のもとで批判者の役割を果たせるようになるのである．

　科学的なエビデンスに対する批判も科学の一部であるため，科学的基準を満たさなければならない．科学的なエビデンスに対する批判とは，それ

を別の方法で説明する対抗仮説や主張のことである。たとえば，得られたエビデンスを，処置効果ではなく処置割り当てのバイアスによって説明する，というようなことだ。哲学者のルートヴィヒ・ウィトゲンシュタインは，「疑うためには，根拠が必要ではないか」[4]と問いかけた。科学的研究においては，疑問に対する根拠が科学の一部となっている。提示された疑問の根拠が不十分であると判断されることもあるだろう。提示された対抗仮説が，曖昧である，根拠がない，検証不可能である，ありえない，あるいは自己利益，傲慢，反感が動機となっているとして却下されることもあるだろう。Bross は，「私の主張は，科学と統計学において『二重基準』を持つべきではない，つまり提案者と批判者が1つの基準を持つべきである，ということである」[5]と結論づけている。

喫煙と肺がん

1950 年代，喫煙の肺がんへの影響については論争があり，広く議論されていた。観察研究によって，喫煙と肺がんには強い相関があることがわかっていた[6]。これは処置割り当てのバイアスによる相関だったのか，それともタバコが肺がんの原因だったのだろうか。

無作為化実験の発明者であるロナルド・フィッシャーは，初期の観察研究を声高に批判していた。1957 年，ニューヨーク・タイムズ紙はこう報じた[7]。

英国ケンブリッジ大学の遺伝学の教授であるロナルド・フィッシャー卿とアーサー・バルフォアは，喫煙と肺がんを関連づけるこれまでの証拠を「決定的ではない」とした。〔……〕ロナルド卿は，今日の自然科学における実験で用いられる原則の多くを定式化したことで知られており，数理統計学と数理遺伝学の理論で有名である。〔……〕「喫煙と肺がんを結びつける証拠は，それだけでは決定的なものではない。というのも，人間を対象として適切にコントロールされた実験を行うことは明らかに不可能だからで

60 | 5. 測定されていない共変量に対する感度

ある．決定的な実験の要件を満たしていない観察研究は，決定的
なものではなく，示唆的なものになるだろう」とロナルド卿は述
べた．

　科学者たちは，フィッシャーの方法（処置の無作為割り当て）を因果推
論の確かな基礎として受け入れてきた．その一方で，「倫理的あるいは現実
的な問題から，人間を用いた無作為化実験が禁止されている場合，因果効
果に関する推論は単なる示唆に過ぎず，決定的なものにはなりえない」と
いうフィッシャーの基準を暗に否定していた．人間を用いた無作為化実験
を行わずに喫煙が肺がんを引き起こすという証拠を決定的なものであると
みなしたとき，科学者たちはこの基準を暗黙のうちに否定したのである．
今日では，喫煙と肺がんの関係について，エビデンスに欠陥がある未解決
問題で，さらなる調査が必要だと考える人はいない．観察研究やその他の
情報源が因果関係の十分なエビデンスとして認められるには，きちんとし
た議論が必要であって，こうした事例は頻繁に起こるわけではない．しか
し実際に認められることがあるのだ．どのようにして認められるのかを理
解することが，本書の残りの部分の焦点となる．
　観察研究において，処置とアウトカムの間に観察された相関への反論や
対抗仮説，競合する説明はつきものである．このように考えると，反論の
存在自体はほとんど意味をなさないので，長い時間がかかるかもしれない
が，その内容を検討する必要がある．思想家ラルフ・ウォルド・エマソン
の言葉を借りれば，人は「不機嫌な顔を推し量る方法を知らなければなら
ない」[8]．感度分析（sensitivity analysis）はそのための 1 つのツールで
ある．

観察研究における最初の感度分析

　1959 年，Jerry Cornfield とその同僚たちは最初の感度分析を行った．
当時利用可能なエビデンスに基づいてさまざまな議論を行い，喫煙は肺が
んの原因であると示唆したのである．エビデンスはさまざまであった．た

とえば，タバコに含まれるタールを用いた対照実験ではネズミに皮膚がんが発生していた．また，タバコの煙はネズミやイヌの肺に前がん病変を引き起こしていた．人間においても，喫煙は肺がんと関連しており，喫煙人口の変化とともに，肺がんの発生率も変化していた．もちろん，人間を対象とした無作為化実験は行われてはいなかった．

感度分析は人間を対象とした観察研究に用いられた．特に，喫煙と肺がんの間に観察された相関は喫煙と肺がんの両方に関連する測定されていない共変量の調整をしなかったために生じた疑似相関であるかもしれないという主張を検討するために用いられた．論文の補遺の計算に基づくと，Cornfield とその同僚たちは，喫煙と肺がんの間に観察された相関が測定されていない共変量によって生じるためには，その共変量の影響が相当に大きい必要がある，と結論づけた．彼らは次のように記述している[9]．

> これは定量的な問題である．喫煙者は，非喫煙者に比べて肺がんになるリスクが 9 倍高く，1 日 2 箱以上吸う人は少なくとも 60 倍リスクが高い．したがって，喫煙状況と肺がんリスクの両方に共通する何らかの特徴が，原因の指標として提案されるためには，その特徴が非喫煙者と比べて喫煙者に少なくとも 9 倍多く，1 日 2 箱以上の喫煙者には少なくとも 60 倍多くなければならない．このような特徴は，入念に探されてはいるが未だに見つかっていない．

ここでなされた計算は，概念的に重要な進歩である．たしかに，相関は因果を意味しない．観察されたあらゆる相関は，観測されていない共変量をコントロールしなかったことによる処置割り当てのバイアスが十分に大きいとすることで説明可能である．これに対して，Cornfield とその同僚たちは，大きさという観点を加えた．実際のデータで得られた（つまり説明する必要がある）相関を説明するためには，処置割り当てのバイアスの大きさが相応の大きさを超える必要があることを指摘したのである．Joel Greenhouse はこのように表現している．「何か別の要因（遺伝的要因など）が真の原因かもしれないと主張するだけでは，観察された因果関係

に反論することはできない．今日では，その潜在的交絡因子（potentially confounding factor）の相対的な有病率の差が，推定されている因子の相対的リスクの差より大きいことを主張しなければならない」[10]．もはや「どんなものでもすべて説明できる」とはいえなくなったのである．科学的な対抗仮説は，科学的な主張と同様に，実証的な観察により課される一定の制約を満たさなければならないのだ．提案者と批判者に共通の基準を作るという Bross の目標は，感度分析によって具体的かつ定量的な意味で達成されたのである．

Joel Greenhouse とその同僚たちによる最初の感度分析の手法は，概念的に重要な進歩ではあるものの，一般的なケースには適していない．この手法は，2値アウトカムのデータに限定されているため，他の一般的な形式のデータには適用できない．また，データからの推定値と真の母集団における量との違いを考慮にいれていないため，サンプルサイズが小さいか中程度で推定値が不安定な観察研究においては，誤解を招く評価を与えてしまう可能性がある．さらに，通常，観察研究においては測定されていない共変量について議論する際に，事前に測定された共変量について調整するが，この手法ではこうした調整は行われていないと仮定している．加えてこの手法は，推定された効果が非常に大きい喫煙と肺がんに関する論争に合わせたものであり，そこまでドラマティックではないが重要な状況においてのバイアスに対する感度をさまざまな意味で過大評価しがちである．感度分析の新手法は，これらの欠点を克服している．次節では，その手法のうち1つを，第4章の歯周病の例に適用する．

感度分析の新手法―喫煙と歯周病―

感度分析の新手法の1つを，第4章の歯周病のデータに適用していこう[11]．441組のペアの無作為化実験を考え，コインを441回投げてペアの1人を処置群に割り当て，もう1人をコントロール群に割り当てる．処置を割り当てる前にペアの2人について何らかの情報を持っていたとしても，それぞれが処置群に割り当てられる確率は1/2である．第2章と同様な議

論から，処置効果がないという仮説の検定，処置効果の大きさの推定や信頼区間の推定といった一般的な統計的推論を適用することが考えられる．もちろん，人々は喫煙するかしないかを自分自身で決定しており，無作為に割り当てられたわけではないので，第 2 章の議論を直接適用することはできない．図 2 で見たように，喫煙を選択した人は，喫煙しないことを選択した人とは大きく異なっていた．喫煙者は若く，学歴も収入も低く，男性に多かった．おそらく，喫煙者は他の点でも異なっていたであろう．第 4 章では，マッチングによって目に見える差を取り除いたが，測定されていない差が取り除かれていることは期待できない．

測定されていない共変量についても，測定された共変量について考えるのと同じように考えるのは自然なことであろう．第 4 章では，4 年制の大学の学位を持つ 60 歳以上の女性と，4 年制の大学の学位を持たない 60 歳未満の男性では，喫煙者の割合が大きく異なっていた．前者では 4.3% が喫煙者であったが，後者では 42.3% が喫煙者であり，その差は約 10 倍であった．マッチング後は，両グループとも喫煙者は約 50% であった．観測されていない共変量についても，同じように考えるのが自然である．マッチングサンプルでは，測定されていない共変量が異なるため，ペアの 1 人の方がもう 1 人より喫煙の確率が高いかもしれないのだ．

マッチングされたペア j，つまり，441 組のペアのうち j 番目のペアを考えよう．対無作為化実験（randomized paired experiment）では，このペアの 1 人目が処置を受ける確率は $p_j = 1/2$ であり，2 人目が処置を受ける確率は $1 - p_j = 1/2$ である．なぜなら無作為化では，この 2 人とその属性についてまったく気にしない公正なコイン投げに基づいて，ペアの 1 人を処置群に割り当てるからである．無作為化実験からの逸脱の大きさを，p_j と $1 - p_j$ が 1/2 から逸脱する度合いで定量化するのは自然であろう．マッチングでコントロールされていない属性が異なることにより，ペア j の 2 人の処置を受ける確率が異なれば，確率 p_j は 1/2 から離れる．ここで，バイアスがある 441 枚のコインを投げて処置を割り当てることを考えてみよう．コイン j が p_j の確率で表，$1 - p_j$ の確率で裏を出し，p_j

64 | 5. 測定されていない共変量に対する感度

が 1/2 である必要はないという設定である.

コインとギャンブルについて話すとき,我々はオッズについて話す.コイン j が p_j の確率で表を出す場合,表のオッズは $p_j/(1-p_j)$ である.公平なコインは対等な賭けであり,1 対 1 のオッズ,すなわちオッズ $(1/2)/(1-1/2) = 1/1$ である.もし $p_j = 2/3$ なら,コインにはかなりバイアスがあり,表の出るオッズは 2 対 1,つまり $(2/3)/(1-2/3) = 2/1$ である.もし喫煙が歯周病の原因でないとしたら,図 8 の喫煙者(S)とマッチング後のコントロール(mC)の箱ひげ図ができるためには,コインにはどのくらいバイアスがなければならないだろうか.

処置割り当てのバイアスは数値 $\Gamma \geq 1$ で定量化される.Γ はコインのオッズの最大値を表し,$p_j/(1-p_j)$ と $(1-p_j)/p_j$ の大きい方の値をとる.$\Gamma = 1$ なら,コインは無作為化実験と同様に $p_j = 1/2$ で公平である.もし $\Gamma = 2$ なら,コインにはかなりバイアスがあり,p_j は 1/3 か 2/3 となる.公平(1 対 1 のオッズ,$\Gamma = 1$)だと思って賭けたコインの本当のオッズが 2 対 1($\Gamma = 2$)だったとしたら,すぐに大金を失うだろう.

数値 Γ は,1 対 1 のオッズからの逸脱の大きさを示すがその向きは示さない.確率 p_j は一組ごとに異なるが,$\Gamma = 2$ ならば,オッズ $p_j/(1-p_j)$ は,1 対 2 と 2 対 1 の間である.

感度分析は「図 8 の S と mC の箱ひげ図が成立するほどバイアスのかかった処置割り当てとなるには,Γ はどのくらい大きくなければならないか」という単純な質問をする.もし,本当は喫煙が歯周病に影響しないのであれば,Γ の値がどの程度であればこれほど多くの歯周病を持つ喫煙者が生まれるだろうか.バイアスが小さい(つまり Γ が 1 に近い)場合,図 8 における喫煙の効果が見せかけであると説明できるだろうか.それとも,非常に大きなバイアス,つまり 1 とは大きく異なる Γ が必要なのだろうか.

もし $\Gamma = 1$(つまり図 8 が対無作為化実験によって得られた場合)とすると,喫煙が歯周病の原因でないならば,この図の結果となるのは奇跡である.図 8 は,処置効果のない無作為化実験でも論理的には起こりえるが,ほとんどありえない.実際,その確率は非常に小さく,コンピュータでは

歯周病データとバイアスのあるシミュレーションデータ

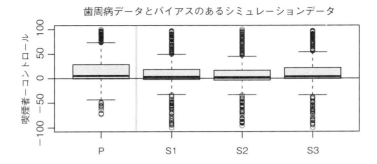

図9 実際のデータのマッチングされたペアの歯周病の範囲の差と3つのシミュレーションデータ (S1–S3. 喫煙が歯周病に効果がないという仮説と,バイアス $\Gamma = 2$ のコイン投げにより作成) の比較.

ゼロと区別できないほどである.もちろん,図8は無作為化実験によるものではないので,$\Gamma = 1$ と信じる根拠はない.

処置割り当てのバイアスが $\Gamma = 2$ の場合を考えよう.これは $1/3 \leq p_j \leq 2/3$ ということである.各 p_j が 1/3 または 2/3 であったなら,無作為または公平な処置割り当てから相当かけ離れている.もし喫煙の影響がまったくないのに,各 p_j が 1/3 または 2/3 に等しい場合,勝者を 2/3 の確率で選ぶことができる.つまり,2/3 のペアにおいて,歯周病がより広範囲に及んでいる人を喫煙者に割り当てて,喫煙が歯周病を引き起こすという誤った印象を与えることができる.それでもなお,$\Gamma = 2$ のバイアスは,図8の結果を得るにはあまりに小さすぎる.もし $\Gamma = 2$ であれば,図8において喫煙がこのように大きな見せかけの効果をもたらす確率はせいぜい 0.000018 である.$\Gamma > 2$ か,喫煙が本当に歯周病の原因であるかのどちらかである.

図9は,前の段落で説明した状況をグラフにしたものである.図9のPと書かれた箱ひげ図は,図8のマッチングされた歯周病データにおける,441組の喫煙者とコントロールについて,歯周病の範囲の差の分布を表しており,-100%〜100% の値をとる.Pの箱ひげ図では,差はマイナスよりプラスが多く,典型的な喫煙者はマッチング後のコントロールと比べ広

範囲に歯周病があることがわかる．S1, S2, S3 とラベルづけされた 3 つの箱ひげ図は，処置効果がないと仮定した場合の，バイアス $\Gamma = 2$ のコイン投げによって作られたシミュレーションデータである．つまりそれぞれの図は，喫煙は効果がないという仮説のもとで，$p_j = 1/3$ または $p_j = 2/3$ のバイアスのあるコインを 441 回投げることで作成した，ということである．実際のデータ（P）は，3 つのシミュレーションデータと比べ，喫煙者とマッチング後のコントロールの差が正の値をとる（喫煙者の方が歯周病が広範囲に及ぶ）傾向が明確に見られる．つまり，図 9 は，喫煙の効果がないと仮定した場合，実際のデータで見られた結果を得るには $\Gamma = 2$ のバイアスでは小さいことを示唆している．P の箱ひげ図が得られるためには，より大きなバイアスが必要なのである．

$\Gamma = 2$ のバイアスは，図 8 に見られる歯周病のパターンを作り出すには小さいことがわかった．これは何を意味するのだろうか．Γ の数値は別の方法でも理解することができる．観測されていない共変量が喫煙と歯周病にそれぞれどのように関係するかという観点から，このバイアスを正確に説明することができる．$\Gamma = 2$ のバイアスは，喫煙のオッズを 3 倍増加させ，歯周病のオッズを 5 倍増加させるような測定されていない共変量によって生じている，ということだ．つまり，$\Gamma = 2$ のバイアスは，喫煙と歯周病に強く関係する測定されていない共変量に相当するとみなせる．しかし，そのような共変量であっても，図 8 を説明するには十分ではないのだ．より大きなバイアスを生み出す共変量はたしかに存在しうるが，Bross が強調したように，批判者はそのような劇的な共変量が存在するということの具体的なエビデンスを見せる必要がある．

感度分析は，より多く行われるほど有効になる．新しい観察研究の感度を，時の試練に耐えてきた過去の研究の感度と比較することができるようになる．新しい研究は，成功した過去の研究と同じくらいバイアスに頑健なのだろうか．喫煙が肺がんの原因であることは，$\Gamma = 5$ という非常に大きなバイアスに対しても頑健であり，時の試練に耐えてきた．シートベルトの使用が自動車における死亡事故防止に与える影響も，同様に $\Gamma = 5$

という非常に大きなバイアスに対しても頑健であり，時の試練に耐えてきた[12]．新聞で話題になるような学術論文でも，$\Gamma = 1.05$ 程度の些細なバイアスに敏感な結果かもしれない．Ruoqi Yu と同僚たちは，小さなバイアスに敏感で，その後の無作為化実験によって否定された観察研究について議論している[13]．

感度分析の役割

本章の冒頭で述べたように，観察研究は喝采ではなく，反論を浴びるものである．経験科学とは，実験，観察，データのもとで行われる，何が真実かについての議論である．助言を求めて，再びエマソンに登場してもらうと「したがって，我々の文化は武装を怠ってはならない」[14]．感度分析は，取るに足らない対抗仮説に対する盾の役割を果たすことができる．あるいは，提案者の主張が，人々が公平なコイン投げで自分への処置を選んだという仮定に疑義が残る脆弱なものであると示すこともできる．感度分析は，新たな経験的データを提供するものではない．むしろ，経験的データに照らすことで，ある主張の提案者と批判者それぞれの主張を，定量的に説明するものである．

6

観察研究のデザインにおける疑似実験的手法

何かを疑うことには根拠は必要ないだろうか？〔……〕人が何かを疑うのは，特定の根拠に基づいているときである．
——ルートヴィヒ・ウィトゲンシュタイン「確実性の問題」

予想される反論

　感度分析とは異なり，疑似実験的手法（quasi-experimental device）は，特定の反論や疑義の根拠を弱めることで，主張を補強する新しいデータを得る方法である．ある反論が信憑性を持つ条件の 1 つは，たとえば過去にも間違った結論を導く要因となったような，よく知られる問題を提起している場合である．観察研究に関する反論は，予想外の場合もあるが，大半は事前に予想できるため，こうした反論に対抗できるような研究をデザインすることができる．このように，疑似実験的手法とは，予想される反論を調べ，場合によっては無効にすることを意図した戦術である．疑似実験的手法の体系的研究は，1957 年のドナルド T. キャンベルの研究から始まった．では，予想される反論とはどんなものがあるだろうか．

　薬，医療処置，心理カウンセリング，経済的支援，犯罪に対する処罰といった処置には，意図していない副作用があるかもしれない．しかし，無作為化実験を用いない副作用の研究には問題があり，反論が予想される．たとえば，ある人に薬が投与される場合，医師はその人の症状からその薬が有益であると判断した可能性が高い．処置を受けなかった人（コントロー

ル）は，そもそも症状がなかったか，あるいは別の症状であったか，または症状があったとしても重篤でなかった可能性が高いのである．この曖昧さはしばしば適応による交絡（confounding by indication）と呼ばれ，アウトカムの差が処置の効果によるものか，あるいは処置の必要性の有無の違いによるものか，区別することが難しい，ということを意味している．たとえば，配偶者への暴行で有罪判決を受けた人が 2 人いて，一方だけが投獄された場合，両者で受けた刑罰が異なるのには十分な理由があるかもしれない．手元のデータでは比較可能に見えたとしても，一方が処置を受け，もう一方が処置を受けなかったという事実自体が，両者が比較可能ではないという根拠とみなされるかもしれない．では，どのような追加データがあれば，この反論に対処することができるだろうか．

　税制の変更や最低賃金の引き上げ，拳銃の購入制限といった新たな公共政策は，しばしば法律で決められた特定の日に突然始まる．であれば，その政策の適用対象の人々は，その日以前は全員がコントロール群であり，その日以降は全員が処置群であるといえる．このとき，単純に今年の処置群を昨年のコントロール群と比較すると，今年と昨年とでは多くの点で異なるではないか，という反論に直面することが予想される．たとえば，昨年は天候がひどかったので外出を控える人が多く，今年は株式市場が暴落したので貧しくなったと感じる人が多い，といった具合である．つまり，今年の政策変更は昨年と今年の違いのひとつに過ぎず，アウトカムの変化は政策変更によるものではないかもしれない，ということだ [*1)]．どのような追加のデータがあれば，この反論に対処することができるだろうか．

2 つのコントロール群

　アジスロマイシンという抗生物質がある．アジスロマイシンに近い他の抗生物質は，まれに起こる不整脈による心臓突然死に関係していると考え

[*1)]　訳注：たとえば景気の指標をアウトカムとしたときに，政策変更以外にアウトカムに影響を及ぼす要因として悪天候や株式市場の暴落などがありうるということ．

られている．Wayne Ray らは，テネシー州の医療費補助プログラムのデータを用いて，アジスロマイシンの処置を開始してから5日間に心臓死が増加するかどうかを検討した．この場合の自然なコントロール群はどのようなものだろうか．アジスロマイシンを投与された患者は誰と比較されるべきなのだろうか[1]．

　Ray らは2つのコントロール群を用いた．まず，第一のコントロール群として抗生物質をまったく投与されなかった患者を設定し，アジスロマイシンを投与された患者と比較した．第二のコントロール群は，アジスロマイシンの代わりに処方されることもある別の抗生物質，アモキシシリンを投与された患者である．どちらのコントロール群も，それ単独で用いられた場合には異論や反論が起こりうる．

　一般に，抗生物質は細菌感染の疑いのある患者に投与されるため，アジスロマイシンを投与された患者は感染を起こしている可能性が高い．一方で，第一のコントロール群のほとんどは，まったく感染症状を起こしていない．第一のコントロール群のみを用いた場合，アジスロマイシンが何らかの心臓死を引き起こすことと，感染症が何らかの心臓死を引き起こすこととを区別するのは難しいだろう．アジスロマイシンを投与された処置群の心臓死が，第一のコントロール群と比べて多かったとしても，アジスロマイシンが心臓死の原因であることを示しているとはかぎらないわけである．

　第二のコントロール群には，アジスロマイシンとは異なるものの，抗生物質が投与されたという点では同じであるため，処置群と同様に細菌感染を起こしている可能性が高い．この第二のコントロール群は，感染症の有無という第一のコントロール群が抱える重要な問題を回避しているが，また別の問題を抱えている．仮にアジスロマイシンとアモキシシリンがともに心臓死を引き起こし，その程度が同じであれば，たとえアジスロマイシンが心臓死を引き起こしていたとしても，2群間[*2]の心臓死亡率に差は出ないだろう．

[*2]　訳注：処置群（アジスロマイシン群）と第二のコントロール群（アモキシシリン群）の間．

こうした2つのコントロール群を併用することで、どちらか一方のコントロール群のみを用いるよりも曖昧さの少ない研究デザインを生み出すことができる。アジスロマイシンを処方された処置群が、2つのコントロール群のどちらと比較しても心臓死が多い場合、この結果を、心臓死の原因がアジスロマイシンではなく感染症である可能性がある、などと簡単に退けることはできない。なぜなら、アモキシシリン群の患者も感染症に罹患している可能性が高いからである。一方で、処置群であるアジスロマイシン群と、第二のコントロール群であるアモキシシリン群の心臓死が、第一のコントロール群よりは多いものの同程度であった場合、心臓死の原因がアジスロマイシンの処置であると結論するには注意が必要である。アジスロマイシンとアモキシシリンの両方が心臓死を引き起こしている可能性もあるし、感染症が原因である可能性もあるからだ。いずれにせよ、アジスロマイシンだけを避けるべき唯一の抗生物質とする理由はなくなるだろう。

実際に、Ray らは第4章で行ったように測定された共変量で調整した後、処置群と2つのコントロール群、つまり抗生物質を投与されていない群とアモキシシリン群の両群とを比較して、処置群であるアジスロマイシン群は、どちらのコントロール群と比べても心臓死が過剰に多いことを発見した。

ここで説明した例は、疑似実験的手法をうまく利用した典型的なケースである。特に説得的な反論については、あらかじめ検討し、データと比較分析を追加することで対処することができる。もちろん、分析を追加することで特定の反論に対処することはできるが、考えうるすべての反論に対処できるわけではない。

2つのコントロール群の論理

コントロール群の追加を検討する場合、それにどのような性質を求めるべきなのだろうか。2つ目のコントロール群が役に立つためには、1つ目のコントロール群と適切な意味で異なる必要がある。これから紹介する推論は、もともと実験心理学者のモートン E. ビターマンが提唱し、社会科学

者のドナルド T. キャンベルが発展させた，規則的変動によるコントロール（control by systematic variation）と呼ばれる方法である[2]．

　共変量の中には，あらかじめ検討し，対処しなければ異論や反論の根拠となりうるものがある．こうした共変量は，測定されていないケースもあれば，測定が不十分なケースもある．こうした共変量を測定して調整することができない場合，共変量を規則的に変動させる，つまりその共変量が明らかに大きく異なる 2 つのコントロール群を見つけてくることで，問題に対処できる場合がある．Ray らの研究の例では，この共変量は感染の有無や症状の程度に対応している．この研究では，何も投与されていない第一のコントロール群の方が，アモキシシリンを投与された第二のコントロール群よりも，感染が少なく，症状も軽度であることは自明であった．Ray らの研究のように，測定されていない共変量が大きく異なることがわかっている 2 つのコントロール群を設定し，処置群と比較した結果，両者ともから似たようなアウトカムが得られたとしよう．この結果は，2 つのコントロール群のアウトカムが処置群と異なるのは共変量を調整できなかったからではないか，という反論の説得力を弱めてくれるだろう．

コントロール群だけでなく，処置を受けていないカウンターパートも検討する

　働くことにはお金がかかる．交通費がかかることもあれば，働いている間の育児費用がかかることもよくある．シングルマザーが働きに出ると，余分に必要になる育児費用が当初の収入を上回ってしまうかもしれない．勤労所得税額控除（EITC）は，所得が低い人の就労支援を目的とした給付付き税額控除の 1 つである．EITC は超党派の支持を集めることが多いが，それは EITC が，貧困層の就労を奨励するようにデザインされ，自立を最終的な目標としているからである．1986 年の税制改革法により，1987 年以降 EITC は拡大した．この政策変更は，労働参加に正の影響を与えたのだろうか．

　Nada Eissa と Jeffrey Liebman は，人口動態調査を用いてこの問いに

答えようとした．EITC 拡大前の 1985 年〜1987 年と，EITC が十分に拡大した 1989 年〜1991 年について，高校を卒業しておらず子どものいる未婚女性を比較した．こうした女性の多くは，1986 年の税制改革法の適用対象となった可能性が高い．このグループでは，労働参加率は 1985 年〜1987 年の 47.9%から，1989 年〜1991 年の 49.7%へと 1.8%上昇した．Eissa と Liebman は，この単純な比較と，第 4 章で行ったような共変量を調整した比較の両方を提示している．以下では，このうち単純な比較について手短に説明する．

労働参加率が 1.8 ポイント上昇したのは，1986 年の税制改革法が原因だったのだろうか．たしかにその可能性はあるが，経済の多くの側面は年々変化する．こうした処置群とコントロール群の単純な比較には，反論の余地がある．つまり，労働参加率の増加は 1986 年の税制改革法による効果ではなく，別の一般的な経済動向を反映したものであったかもしれない．当然のことながら，Eissa と Liebman はこうした反論を予想し，対処しようとした．

まず，ほとんどの女性は EITC の対象ではなかった．子どものいない女性や所得が低くない女性は，一般的に EITC の対象外であった．適用対象外の女性は，1987 年の以前も以後も EITC 拡大の直接的な影響を受けていないため，労働参加率の変化は EITC 拡大の効果ではなく，何らかの一般的な経済動向を反映したものといえる．EITC 対象外の女性は，定義の上でも就労パターンの上でも EITC が対象とする女性とは異なっており，コントロールとは到底いいがたい．とりわけ，対象外の女性は，1987 年の以前も以後も，就労している可能性が非常に高い．ここでは，このような女性を「カウンターパート」と呼び，処置群との比較が可能なコントロール群とは区別することにしよう．

Eissa と Liebman は，2 つのカウンターパートを検討した．1 つ目のカウンターパートは，高校を卒業しておらず子どものいない未婚女性である．2 つ目のカウンターパートは，高卒以上で子どものいる未婚女性である．2 つ目のグループの中には，EITC の適用対象である女性もいるかもしれ

ないが，所得要件により，全体としては少数派だろう．この 2 つのカウンターパートについて調べ，彼女たちの労働参加率の変化が一般的な経済動向の影響を受けたものなのかどうか，そうだとすればどのような影響を受けたのか，確認しよう．

最初のカウンターパートの労働参加率は，1985 年〜1987 年の 78.4%から 1989 年〜1991 年の 76.1%へと 2.3%低下した．2 番目のカウンターパートは，1985 年〜1987 年の 91.1%から，1989 年〜1991 年の 92%へと 0.9%上昇していた．繰り返しになるが，2 番目のカウンターパートの一部も，所得が低いために EITC 拡大の影響を受けていた可能性はある．

この 2 つのカウンターパートを検討することで，すべての人に同様の影響を与える一般的な経済動向が労働参加率に与える影響に対処することができる．この間，処置群の労働参加率は 1.8%上昇したが，この上昇幅は，第一のカウンターパートの 2.3%低下や，第二のカウンターパートの 0.9%上昇より大きい．処置群における 1.8%の上昇は，カウンターパートにこうした傾向が見られないことから見ても，一般的な景気動向と片付けることは難しい．こうした疑似実験的手法，すなわちカウンターパートに関する 2 つの比較を追加したことで，当然予想される反論の説得力を弱め，因果関係に関する主張を強化することができた．

予想される反論を解決する

疑似実験的手法は，予想される反論の説得力を弱めるデータを用いて何らかの因果関係の主張を強化する．疑似実験的手法は，科学的な探求プロセスにおける絶え間ない努力の 1 つである．観察研究のデザインに特定の要素を付け加えることであらかじめ予想される反論に対処し，誤った説明を 1 つずつ排除していくことによって，正しい解釈を導き出すことができるのである．

7

自然実験，不連続性，操作変数

気まぐれと混沌への郷愁.
——エミール・シオラン『歴史とユートピア』

バイアスが多い世界に見る無作為割り当てあれこれ

　この世界ではところどころ真のランダムさが見られる．無作為化実験が真にランダムであるのと同じ意味で，真にランダムであるくじが存在する．米国の一部の州やヨーロッパの一部の国はカジノの役割を果たし，公共サービスを支える資金を得るために宝くじを運営している．住宅補助のような公的扶助では申し込みが多数になる可能性があるため，抽選により住宅補助を受け取ることができる人を決める．同じことが，チャータースクール[*1)]の入学希望者数が定員を超えている場合について当てはまることもある．このような状況はしばしば**自然実験**（natural experiment）と呼ばれる．自然実験は役に立つのだろうか？ 役に立ちそうに思える．

　チャータースクールの入学者を決めるためのくじがニューヨーク市とルイジアナ州でそれぞれ行われたが，2つのくじはチャータースクールの教育効果について正反対の結論を導いている[1)]．もしかしたらチャータースクールはすべてが同じものではなくて，一部の学校は大きな教育効果があり，他はそれほどでもないのかもしれない．

　自然界にもくじが存在している．あなたの母親はそれぞれの遺伝子のわ

[*1)]　訳注：公立の民営校.

ずかに異なるコピーを 2 つずつ持っており，1 人の子どもにつき 1 つを無作為に選んで受け継ぐ．言い換えると，母親の卵細胞には各遺伝子の 2 つのコピーのうち一方が含まれているが，どの卵細胞があなたの父親の精子細胞と出会い受精するかということと，卵細胞がどちらのコピーを含んでいるということとは関係がない．仮にある遺伝子についてあなたとあなたの兄が同じコピーを持っていて，あなたの姉がもう一方のコピーを持っていたとしても，それはただの偶然である．あなたの父親から受け取る遺伝子についても，まったく同じではないものの，ほとんど同様である．

　したがってあなたとあなたの兄弟姉妹は，母親の遺伝子の 2 つのコピーの違いによって生みだされる効果を調べるための小さな無作為化実験を構成している．それは役に立つのだろうか？　実際の現象はもっと複雑なのかもしれない．そう，事実としてもっと複雑なのだが，それにもかかわらず役に立つのである．

　くじは何かを無作為化することがあるが，適切なものを無作為化するとはかぎらない．Brian Jacob と Jens Ludwig の住宅補助の抽選に基づく研究では，住宅補助の当選者は抽選により無作為化されたが住宅補助の当選通知が送付されると，多くの人はそれを断ってしまった[2]．支給対象者は無作為化されているため，補助の当選通知自体の効果を推定することは簡単である．しかし多くの場合，実際に補助を受給することの効果を知ることに関心があるのだが，補助を受け取るかどうかは無作為化されていない．くじが何らかのものを無作為化しているが，適切なものを無作為化しているわけではないとき，くじはいかにして使えるのだろうか．その答えには操作変数（instrument, instrumental variable）として知られているものが関わっている．

くじによる自然実験

　現金の山を受け取ることは，自己破産のリスクを減らすのだろうか？　それとも，金銭の管理が苦手な人にとって，少しくらいの現金は自己破産のリスクとは関係ないのだろうか？　Scott Hankins と Mark Hoekstra，そ

して Paige Marta Skiba は，米国フロリダ州が運営する宝くじ「フロリダ・ファンタジー 5」のデータを用いてこの問題に取り組んだ[3]．ファンタジー 5 の宝くじでは，5 つの乱数のうち 5 つすべてを正しく当てた人には高額賞金が贈られ，場合によっては 5 つのうち 4 つを正しく当てた人にも少額の賞金が贈られた．Hankins らは，50,000 ドル～150,000 ドルの高額当選者と，10,000 ドル未満といったはるかに少額の当選者との間で破産率を比較した．彼らは 10,000 ドル未満の当選者 14,668 人と 50,000 ドル～150,000 ドルの当選者 1,212 人について議論している．当選後 1 年目から 3 年目までは，高額当選者は少額当選者よりも破産率が低かったが，4 年目から 6 年目までは，高額当選者の方が破産率が高く，そのため 1 年目から 6 年目までの累計では，破産率はほぼ同じだった．

　米国政府による住宅補助は，就労を促進するのだろうか，あるいは阻害してしまうのだろうか？ ひとつの考え方は，補助は単に生活の手助けをするのみではないかというものである．もうひとつの考え方は，労働による収入が増えるにつれて補助金が減額されるため，補助金が労働意欲を減退させてしまうのではないかというものである．Brian Jacob と Jens Ludwig が書いているように，「経済理論では，資産調査に基づいた住宅補助プログラムが労働供給に正に作用するかについては曖昧な予測しか示すことができず，ましてやその大きさについてはなおさらである」[4]．この問題を検討するために，彼らはシカゴで生じた自然実験に着目した．1997 年，シカゴ住宅公社の住宅補助は需要を満たすほど多くはなかったため，82,607 人の応募資格のある応募者を無作為に各順位に割り当てる形で待機者リストを作成し，待機者リストの上位者から順に住宅補助の当選通知を行った．2003 年までに，18,100 世帯に通知が送られた．彼らの分析の一部では，通知を受け取った家庭と受け取らなかった家庭を比較している．住宅補助の支給対象者は，無作為化された待機者リストの順位によって決定された．Jacob と Ludwig は，当選通知を受け取った世帯主は，通知を受け取らなかった（待機者リストの下位の）世帯主と比較して，雇用と収入がわずかに減少していることを発見した．本章の後半で，実際に住宅補助を受給する

78 | 7. 自然実験，不連続性，操作変数

こと——それは無作為化できないものである——の効果について検討する．

自然界の自然実験 I—兄弟姉妹の遺伝子—

　あなたの体内で生産される分子のひとつに，細胞傷害性 T リンパ球抗原 4，あるいは CTLA-4 とも呼ばれる分子があり，免疫系の活動を制御する役割を担っている．あなたの DNA の中にも，CTLA-4 と呼ばれる遺伝子があり，CTLA-4 分子を合成する方法を記述している．遺伝子は重要な分子を生産するための一連の指示であり，実体は 4 つのアルファベットで表される 4 種の分子が連なった長い配列である．あなたの母親は遺伝子の 2 つのコピーを持っており，あなたの父親も 2 つのコピーを持っている．CTLA-4 遺伝子には 2 つのバージョンがあり，1 文字違いになっている．これら 2 つのバージョンをそれぞれ A と a と呼ぶことにしよう．文書 A と文書 a という，ある特定の箇所を除いてほとんど同一の 2 つのページの文書を想像してほしい．つまり，文書 A の中の 1 文字を別の文字に変えたものが文書 a である．文書 A はイギリス英語で，文書 a はアメリカ英語でそれぞれ書かれているため，2 つの文書はイギリス英語とアメリカ英語とでつづりが違う 1 つの単語の中の 1 文字を除いてほとんど同じであると想像してほしい．長い一連の指示の中の 1 文字を変えたとしても，その指示から作られる分子が変わらないこともあれば，分子は変わるが無害なこともある．しかし時には 1 文字を変えるだけで，分子の機能が大きく変わることもある．Bijayeswar Vaidya らは，甲状腺が関わる自己免疫疾患であるバセドウ病の発症に A と a の差が関与しているかどうかを問うた[5]．

　Vaidya らは，一方だけがバセドウ病に罹っている兄弟姉妹のペアを調べた．図 10 はある一組の想像上の姉妹の例で，母親は A と a のコピーを 1 つずつ持っており，父親は A のコピーを 2 つ持っているとする．この家族においては，それぞれの子どもは父親からは A を必ず受け取り，母親からはそれぞれ 2 分の 1 の確率で A か a のどちらかを受け取る．この家族では，娘の 1 人が AA で，もう 1 人が Aa であるとわかったとしよう．しかし両親の遺伝子が何であれ，この 2 人の娘の遺伝的構成はまったく同じ確

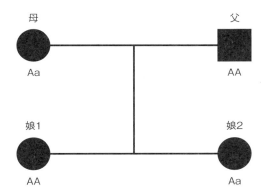

図 10 2 人の両親と 2 人の娘からなる血縁関係．母親は CTLA-4 の A と a のバージョンのコピーを持っており，父親は A のコピーを 2 つ持っている．両方の娘は父親からは A を受け取り，母親からはそれぞれ 2 分の 1 の確率で A か a のどちらかを受け取る．

率で逆転していたかもしれない．つまりこの例では，娘 1 が Aa で，娘 2 が AA だったかもしれないのである．この意味で，2 人の兄弟姉妹に実際に現れる遺伝型は，2 人の子どもに 2 つの遺伝型を無作為に割り当てることに似ている．このように，一組の兄弟姉妹の中で遺伝型が無作為に逆転していた可能性は，いわゆる交換可能性（exchangeablity）と呼ばれるもので，これは David Curtis と Richard Spielman，そして Warren Ewens らによって開発されたいくつかの検定の基礎となっている．その検定とは，遺伝子マーカー（つまり 1 文字の違い）が疾患の遺伝的原因と密接に関係しているという仮説に基づく検定である[6]．Vaidya らが行ったように，バセドウ病に罹っていた多くの兄弟姉妹で A 遺伝子の比率が高く，バセドウ病に罹っていない多くの兄弟姉妹で a 遺伝子の比率が高かったとすれば，CTLA-4 遺伝子上の A/a マーカー付近の何かがバセドウ病の発症に何らかの役割を果たしていると考える十分な理由があるといえるだろう．

図 10 にはいくつかのタイプのランダム性があり，兄弟姉妹を比較することはそのうちの 1 つを利用していた．図では長女の遺伝型は AA で，次

女は Aa であった．しかし，同じ確率で逆の状況，つまり長女が Aa で次女が AA という状況も起こりえた．その可能性は前述のとおり交換可能性といわれる．すなわち 2 人の娘を入れ替えてもそれが起こる確率は変わらない．つまり，CTLA-4 や全遺伝子について，この母親と父親は，娘 1 の次に娘 2 を生むのと同じ確率で（それがどんな確率であれ）まず娘 2 を，次に娘 1 を生んでいたかもしれないのである．ここでは我々は遺伝子の話をしていることに注意したい．言うまでもないことだが，生まれた家族に姉がいるということが，生後に起こることに影響する可能性はある．

両親の遺伝子を調べずとも，図 10 の娘たちがもつ遺伝型は交換可能であるといえる．このことは，アルツハイマー病のような人生の遅い段階で発症する病気の研究において重要である．娘がアルツハイマー病を発症する頃には，両親はとっくに死亡している可能性があり，研究が行われるときには両親の遺伝子は入手できないかもしれない．そのため，娘たちが両親の遺伝子にかかわらず交換可能であることは都合がよい．兄弟姉妹を比較する際に両親の遺伝情報は必要ないのである．

例を出すと，Stavra Romas らは，APOE 遺伝子 [*2] の対立遺伝子（アレル）の 1 つである APOEε4 多様体の頻度という観点から，アルツハイマー病患者とコントロールとなる兄弟姉妹を比較した[7]．APOEε4 がアルツハイマー病と無関係であった場合，このアレルは兄弟姉妹間で均一に分配されると考えられるため，アルツハイマー病患者たちの APOEε4 アレルは 57.78 個になると予想されるが，実際は 74 個が観察された．もし APOEε4 アレルがアルツハイマー病と無関係であれば，兄弟姉妹間で比較した場合，比較群の間でこのような特定のアレルの大幅な過剰が見られる確率はわずか 0.00000579 である．

このように遺伝学においては，たとえ両親の遺伝情報が得られなかったとしても，兄弟姉妹の比較は自然実験となっているのである．それでは，

[*2] 訳注：APOE 遺伝子には ε2，ε3，ε4 の 3 種類の多様体（variant）があり対立遺伝子（アレル）として機能する．現在では ε4 アレルをもつ遺伝型がアルツハイマー病の発症と関係していると考えられている．

もし両親の遺伝情報は得られるが兄弟姉妹がいないという場合はどうなるのだろうか？

自然界の自然実験 II ―仮想上の兄弟姉妹―

2 人の姉妹を比較する際には図 10 にあるランダム性の一部を使ったが，図 10 にはその他にも使えるランダム性がある．この図の両親の遺伝子がわかっていれば，この両親から生まれる子どもは，それぞれ確率 2 分の 1 で，Aa か AA のどちらかであることがわかる．それは，たとえ娘が実際は 2 人とも AA であったとしても――そうであった可能性はある――いえることである．また，それは仮に娘が 1 人しかいなかったとしてもいえる．

両親がともに Aa であった場合，状況は少しばかり複雑になる．この場合，母親と父親がともに A を与え，結果として AA である子どもが生まれるかもしれない．または母親と父親がともに a を与え，aa の子どもが生まれるかもしれない．あるいはまた母親が A を，父親が a を与えた場合と，母親が a を，父親が A を与えた場合は，Aa の子どもが生まれることになる．何がそれを決めるのだろうか？　それはどの精子細胞がどの卵子細胞と出会うかによるのだが，その現象は本質的に無作為である．上の 4 つの場合は等しく 1/4 の確率で起こる．つまり，AA の場合は 1/4 の確率で，aa の場合は 1/4 の確率で，Aa の場合は $1/4 + 1/4 = 1/2$ の確率で起こる．このことは，AA の子どもが 1 人しかいなかったとしてもわかることである．

両親と子どもの 3 人の遺伝情報がわかっていて，その子どもに自閉症といった早期に診断されるような病気があるとする．なぜこのような病気で診断を早期に行う必要があるのかというと，両親の遺伝情報が必要だからである．もし，いつの日かすべての人の遺伝情報が電子的に永続的に保存されるようになれば，早期の診断は必要でなくなるだろう．

両親と病気を持つ子どもという 3 人の遺伝情報がわかっていれば，ある遺伝的多様体，つまり A や a といったアレルが染色体上で病気の遺伝的原因に近いかどうかを検定するのに必要な情報がわかっていることになる．

82 | 7. 自然実験, 不連続性, 操作変数

この方法は Richard Spielman, Ralph McGinnis, Warren Ewens によるもので, 伝達不平衡試験 (transmission disequilibrium test, TDT) と呼ばれている[8]. この検定によれば, もしあるアレルがその病気の遺伝的原因に密接に関連していないのであれば, その病気の子どもたちの遺伝型は両親の遺伝型によって決まる確率で, AA, Aa, aa のいずれかになるはずである. もしこれらの確率では病気の子どもの遺伝型の説明がつかない場合, たとえば両親の遺伝型から想定されるよりも A が過剰で a が不足している場合, それは染色体上の A/a の近くに遺伝的原因がある証拠である. そうでなければ, どうして受胎時の A の過剰と生まれた後の疾患に関連が見られるのだろうか?

TDT で注目すべき点は, 研究対象のすべての子どもが病気に罹っているということである. 病気に罹っている子どもたちは病気に罹っていない他の子どもたちと比較されるわけではなく, これらの病気に罹っている子どもたちは仮想上の兄弟姉妹, つまり 2 人の両親が生む可能性のあるあらゆる兄弟姉妹と比較されるのである. 図 10 にあるような 2 人の実際の兄弟姉妹は何らかの偶然を反映している. つまり, 図 10 とは異なり, 2 人の娘は両方が AA もしくは Aa であったかもしれない. 一方で, 両親の遺伝型がわかりさえすれば, この 2 人の親が生む可能性のある子どもの遺伝型とそれらの遺伝型の相対的な頻度がわかるのである.

Joseph Dougherty らは, TDT を用いて, Celf6 遺伝子の 2 つの多様体と自閉症におけるそのありうる役割について調べた[9]. 一方の多様体は自閉症の男性において, 両親の遺伝子に基づいて予想される頻度よりも高い頻度で存在していることがわかった. この研究はかなりの数の遺伝子について調べていることもあり, 複雑な研究になっている.

自然実験としての不連続デザイン

希少な資源を公平に分配するためにはくじが使われることもあるが, そのようなケースばかりではない. 多くの場合, 資源の分配は早い者勝ちである. あるいは, その資源を最も必要としている人が, それを得る可能性

7. 自然実験，不連続性，操作変数 | 83

が最も高いという場合もある．またあるいは，何かしらの方法で順番を決め，最初の順番の人たちが処置を受け取り，最後の順番の人たちがコントロールとなるという場合もある．このような状況において自然実験に似たものが何かあるだろうか？

あなたはコンサートのチケットを買いたいとしよう．あなたはチケットが売り切れてしまうと思い，販売開始の 3 時間前に到着したが，すでに大行列ができていた．列の先頭の人たちは寝袋を持っているようである．彼らはチケットを確実に手に入れるために野宿をしていた．待つこと 2 時間，後ろを見ると列の長さは 2 倍になっており，そこに人々が加わり続けている．行列の先頭の人々は，たったいま行列に加わったような人々とはだいぶ異なっている．チケットのために野宿するのと，チケットが残っているかどうかを気まぐれに見に来るのは違うのである．行列が動き始め，チケットの販売が開始された．先頭の人たちがチケットを手にしていく．あなたはチケットが売り切れる前にチケット売り場に到着することを願う．ある時点で——チケット売り場に着く前かもしれないし，着いた後かもしれないが——チケット売り場の中から人が出てきて，「チケットは完売しました．チケット売り場は閉店します」と言って人々を帰らせる．この状況は全体としてチケットの無作為割り当てのようには思えないが，無作為割り当てに似ている点があるのだろうか？

ある瞬間，一組のカップルが最後の 2 枚のチケットを買い，次のカップルは目の前でチケット売り場のドアが閉まってしまうのを見たとしよう．どちらのカップルもチケットを望み，売り切れてしまうかもしれないと心配したが，偶然最初のカップルはチケットを手に入れ，二組目のカップルは手に入れられなかった．最初のカップルが幸運にもチケットを手に入れ，二組目のカップルが不運にもチケットを手に入れられなかったことは，完全な無作為割り当てとはいえないが（最初のカップルは一瞬とはいえ早く列に加わっている），無作為割り当てに近い．どちらのカップルも野宿はしなかったし，後になって気まぐれに列に加わったわけでもない．チケットを受け取った人たちと受け取らずに帰らされた人たちを比較するというこ

とは，寝袋を持ってくるような人たちとチケット売り場が閉まるときに列の最後尾に加わるような人たちという，比較できない群を比較することになりかねない．最後にチケットを手にした人たちと最初に帰らされた人たちの比較，つまり，チケット売り場のドアがバタンと閉まるときに反対側にいた人たち同士の比較をする方が，はるかに公平な比較になっている．

いま述べた状況は，ドナルド・シスルスウェイトとドナルド T. キャンベルの不連続デザイン（discontinuity design）の基礎になっている[10]．コンサートの例でチケット売り場のドアがバタンと閉まったときのように，処置群への割り当ての終了とコントロール群への割り当ての開始が突然，連続体の分断（不連続）として起こる．不連続点の近くでは自然実験が行われ，不連続点から遠く離れたところでは自然実験のようなことは起こらない．この考え方は，人々は連続体に沿って移動するにつれて系統的に変化するが，系統的な変化は徐々に起こるのに対し，処置からコントロールへの切り替えは，ドアがバタンと閉まるように完全かつ突然に起こるというものである．

John DiNardo と David Lee は，労働組合の結成が賃金に与える効果を研究するために不連続デザインを使用した．労働組合は労働者の賃金を上昇させるのだろうか？ 労働組合は雇用者により高いコストを課すのだろうか？ 労働組合が結成されている企業と結成されていない企業とは多くの点で異なっている．そこには自然実験はあるのだろうか？ DiNardo と Lee は以下のように述べている．「我々の分析は，新しい組合結成のほとんどが秘密投票の選挙の結果として起こるという事実に基づいている[*3]．このプロセスは，組合側が選挙にかろうじて勝利して組合結成に至った企業と，わずかに敗北して結成に至らなかった企業とを比較できる自然な状況を生み出している」[11]．1984 年～1999 年に起こった労働者組織化運動が，組合員の賃金を上昇させたという根拠はほとんど見つからなかったし，新たに組合が結成された企業のコストを上昇させたという根拠もほとんど見つからなかった．

[*3]　訳注：米国では組合を結成するために従業員による投票が行われる．

7. 自然実験，不連続性，操作変数 | 85

不連続性は，線上の点ではなく地図上の線に発生することもある．公立学校は教育の質に差があるかもしれないが，同じ通りのあちらとこちらに住む子どもたちが，別々の公立学校に通うよう強いられることがある．親たちは，より良い公立学校にはどの程度価値があると考えているのだろうか？ Sandra Black は，校区の境界を定める通りを挟んだ両地域の住宅価格を比較している[12]．

米国の一部の州や市では，有権者が法律を提案し，有権者による投票を求めることができる．有権者は，議員が法律を制定することを期待して議員に投票するのではなく，有権者が自ら法律を提案し，有権者同士で制定するのである．このような住民投票は，選挙の投票率を高めるのだろうか？ Luke Keele と Rocio Titiunik，そして José Zubizarreta は，隣接する投票区の境界付近で，住民投票を実施している区と実施していない区の投票率を比較することで，この疑問を検証している[13]．

奨励実験—ある処置を無作為化したときに，別の処置についても知ることができるのか？—

操作変数の最も単純な例は，たとえば Paul Holland の無作為化奨励実験（encouragement experiment）において見られるような禁煙の奨励である[14]．奨励があった場合となかった場合とが比較されることもあれば，ある行動をとるよう奨励した場合と他の行動をとるよう奨励した場合とが比較されることもある．場合によっては，ある行動をとるよう異なるやり方で奨励した場合が比較されることもある．定義上，無作為化奨励実験には次の3つの特徴がある．第一に，調査者はいくつかの種類の奨励を実験参加者に無作為に割り当てる．第二に，調査者は人が奨励を聞き入れ，奨励されたことを実行するかどうかはコントロールしない．第三に，奨励は，奨励があってもなくても同じ行動をとる人に対しては効果がない．第三の条件には除外制約（exclusion restriction）という専門的な名前がついている．その条件は正しいこともあれば，そうでないこともあるが，後述するようにそれは奨励実験が答えようとする2つの問いのうちの1つにのみ

関わる．禁煙の奨励が肺機能の生物学的指標に及ぼす効果を研究する場合は，禁煙の奨励が肺機能に影響を及ぼすのは，奨励が喫煙行動の変化を引き起こした場合に限られるだろうから，この場合は除外制約はもっともらしいように思われる．一方で，もし我々が何らかの満足感の指標に対する効果を調べていたとすると，その場合は 3 つ目の条件は間違っている可能性がある．なぜなら，禁煙を奨励されたのにもかかわらず失敗すると，苛立ちや失望を感じるため，奨励をされたこと自体が満足感にマイナスの影響を与えるかもしれないからである．

奨励実験では 2 つの問いが考えられる．奨励の効果とは何か？ そして，奨励されたことを実行することの効果は何か？ 奨励実験では奨励は無作為化されているため，1 つ目の問いに答えるのは比較的簡単である．1 つ目の問いに関するかぎり，処置としての奨励には既出の無作為化実験と比べて特別なことは何もなく，また 1 つ目の問いに答えるのに除外制約は必要ない．2 つ目の問いは，調査者が実際に禁煙する人を無作為に割り当てることができないため，より複雑なものになる．禁煙は簡単ではなく，奨励された人の中でも成功する人と失敗する人では大きく異なるかもしれないのである．除外制約は 2 つ目の問いにおいて重要である．調査者はある処置については無作為化していたが，2 つ目の問いに対して適切なものを無作為化していたわけではなかった．それは役に立つのだろうか？

例を出そう．Judson Brewer らは，禁煙を奨励し，その実現に向けた手段を提供することを企図した 2 つのプログラムを比較する無作為化実験を行った．ひとつは，マインドフルネストレーニング（MT）を強調した新しいプログラム，もうひとつは，米国肺協会の標準的な「喫煙からの解放（FFS）」プログラムである．彼らは，「無作為に FFS の処置を受けた人々と比較して，MT の処置を受けた人々は，処置中にタバコの使用量が減少する割合が大きく，追跡調査中もその効果はますます大きくなった」15) と結論づけた．彼らは 1 つ目の問いに答えている．1 つ目の問いとは，MT と FFS の効果の違い，つまり禁煙に対する 2 つの奨励方法は効果に違いがあるか，という問いである．彼らは，一方の奨励方法が他方の奨励方法

よりも効果的であると結論づけた．どちらの研究も無作為化実験であり，行動の変化を奨励する処置の方法が異なるだけである．1つ目の問い（奨励の効果について）に関しては，これらの無作為化奨励実験は既出の無作為化実験と比べて特別なことは何もない．

2つ目の問い（禁煙することの効果について）に答えようとしたらどうなるだろうか？　もしあなたが奨励された場合に実際に禁煙するような人だったら，禁煙によって肺機能が改善しただろうか？　この実験では禁煙の無作為化は行われなかったし，行うこともできなかったが，2つ目の問いはきわめて真っ当な問いである．

奨励実験において，2つ目の問いに関して何がわかるだろうか？　もし禁煙が肺機能を改善し，かつ FFS の処置よりも MT の処置において多くの人が禁煙したのであれば，MT 群ではより肺機能が改善することが期待される．一方で，MT 群でも FFS 群でも，処置開始から 17 週間後に禁煙していたのは実験参加者の一部のみで，具体的には MT 群で 31%，FFS 群で 6% であった．禁煙は難しいため，ほとんどの人が禁煙に至らなかった．より良い方の奨励を受けたとしても実際には禁煙しない人が多いため，肺機能の改善への影響という観点ではおそらく単に禁煙のより良い奨励を受けることの効果よりも，実際に禁煙をすることの効果の方がはるかに大きいだろう．このような推論に何か意味はあるのだろうか？　より正確にいうと，この推論にはどのような場合に意味があり，またどのような場合に意味がないのだろうか？　この推論にはどのような仮定が隠されているのだろうか？　その仮定が明らかにされれば，禁煙の効果が奨励の効果よりも大きいということについて単なる直感以上のものが得られるだろうか？　もしその仮定が明らかになれば，禁煙による効果の推定値が得られるだろうか？　MT は FFS と比べて 31% − 6% = 25%，つまり 4 人に 1 人の禁煙をより多く引き起こしたため，実際に禁煙することの肺機能に対する効果は，FFS の代わりに MT を受けることの肺機能に対する効果の 4 倍になるはずだ，というのは見当違いだろうか？　多くの人は禁煙を実行しないため，奨励の効果は実際に禁煙をすることの効果を薄めたものになってしま

88 | 7. 自然実験, 不連続性, 操作変数

うが, 薄めることを考慮しさえすれば, 禁煙の効果がわかるであろうというのは見当違いだろうか? 見当違いではないのだが, この推論が意味を持つためにはもう少し検討が必要である.

操作変数と順守者の平均因果効果

禁煙の奨励について, 単純化した場合を考えてみよう. すなわち, 人々は奨励されるか, あるいはされないかのどちらかであり, そして実際に禁煙をするか, あるいは喫煙行動を変えないかのどちらかである[*4]. これは, 禁煙せずに喫煙量が減る可能性を除外しており, その点で Brewer らによる実際の研究よりも単純なものになっている. この些細な単純化と他のいくつかの単純化によって, 本節では操作変数と, 順守者の平均因果効果 (complier average causal effect) と呼ばれるものに関する重要な結果を説明する. この結果は, ジョシュア・アングリストとグイド・インベンス, そしてドナルド・ルービンによるものである[16].

第 1 章の Kim と James の話に戻ろう. Kim の肺機能は奨励を受ける場合は r_{Tk}, 受けない場合は r_{Ck}, James の肺機能は奨励を受ける場合は r_{Tj}, 受けない場合は r_{Cj} と表されるとする. Kim に対する奨励効果は $r_{Tk}-r_{Ck}$ であり, James に対する効果は $r_{Tj}-r_{Cj}$ であるため, 2 人を合わせると肺機能に対する奨励効果の平均値は ATE $= (1/2)(r_{Tk}-r_{Ck}+r_{Tj}-r_{Cj})$ となる. Kim と James のような人が大勢いたとすると, 同様に奨励の平均効果 ATE は全員の平均となる. このような大勢の人の中から無作為に半分を選び, 奨励群に割り当て, 残りの人については非奨励群に割り当てたとしよう. 第 1 章〜第 2 章では, 大規模無作為化実験における奨励群と非奨励群における肺機能の平均値の差が, 肺機能に対する奨励の平均効果 (ATE) の良い推定値であることを見た. ATE は奨励による平均効果であ

[*4] 訳注 : 前節では FFS の奨励を受ける場合と MT の奨励を受ける場合を考え 2 つの奨励方法を比較していたが, 本節の大部分では単純に禁煙の奨励を受ける場合と受けない場合を比較していることに注意.

り，奨励は無作為化された処置であるため，これは第 1 章〜第 2 章とまったく同様である．いまのところは新しいことは何もない．

禁煙の奨励のアウトカムとして，肺機能だけでなく，Kim や James が禁煙するかどうかに着目することもできる．禁煙するかどうかは正にもう 1 つのアウトカムであり，この 2 つ目のアウトカムにも同じ考え方が適用される．禁煙することは 1，禁煙しないことは 0 で表される．そこで，Kim が奨励を受ける場合に禁煙するなら $q_{Tk} = 1$，奨励を受ける場合に禁煙しないなら $q_{Tk} = 0$，そして奨励を受けない場合に禁煙するなら $q_{Ck} = 1$，奨励を受けない場合に禁煙しないなら $q_{Ck} = 0$ とする [*5]．James についても同様で，奨励を受ける場合と受けない場合の禁煙の有無をそれぞれ q_{Tj} および q_{Cj} で表す．Kim と James については，禁煙に対する奨励の平均効果は，$ATEq = (1/2)(q_{Tk} - q_{Ck} + q_{Tj} - q_{Cj})$ となる．ここで "q" は，肺機能に対する奨励の平均効果である ATE と区別して，ATEq が禁煙に対する奨励の平均効果であることを強調するために付加されている．大規模な無作為化実験においては，より多くの人が参加するため，処置に対する平均効果，つまり ATEq が推定できる．ここでも新しいことは何もなく，禁煙するかどうかという 2 つ目のアウトカムについて考えているということ以外は，すべて第 1 章〜第 2 章と同じである．

さて，話を続けて，大規模な無作為化実験によって肺機能に対する奨励効果の平均値 ATE と禁煙に対する奨励効果の平均値 ATEq の良い推定値が得られたと仮定しよう．第 1 章〜第 2 章で，大規模な無作為化実験からそのような推定値が簡単に得られることを説明した．ここで，我々は肺機能に対する禁煙の効果を推定したいのだが，第 1 章〜第 2 章にはなかった問題に直面する．それは，調査者は奨励群の人々が奨励を聞き入れて禁煙するかどうかをコントロールすることができず，したがって調査者は禁煙の有無を無作為化できない，ということである．奨励を無作為化したことで何か良いことがあるといえるだろうか？ それとも振り出しに戻って，他の観察研究と同じように，何も無作為化されていない処置について研究す

[*5]　訳注：q は quit の q.

ることになるのだろうか？ 適切でないもの（奨励）を無作為化すること
は，何も無作為化しないことよりもましといえるのだろうか？

　議論をできるだけ単純にするために，2 つのかなり小さな仮定が必要で
ある．もし禁煙を奨励されたら喫煙を続け，「あなたの好きなようにして
下さい．あなたが禁煙してもしなくても構いません」と言われたら禁煙す
る，という人がいたら，少々あまのじゃくな人であろう．記号で表すと，
もし James が $q_{Tj} = 0$ かつ $q_{Cj} = 1$ であったとしたら，彼は常に奨励さ
れたことと反対のことをするということである．人は頑固にもあまのじゃ
くにもなりうる．それはよくあることだが，議論を単純にするために，こ
の意味であまのじゃくな人はいないと仮定しよう．ここからは一般的な
人 i（Kim かもしれないし，James かもしれないし，他の誰かかもしれ
ない）について話そう．この実験では I 人の参加者がおり，第 1 章同様
$i = 1, 2, \ldots, I$ となる．禁煙は難しいため，奨励があってもなくても成功
しない人がいる．つまり，そのような人 i は $q_{Ti} = 0$，$q_{Ci} = 0$ なので，
$q_{Ti} - q_{Ci} = 0 - 0 = 0$ となり，奨励はその人の喫煙行動に影響しないと
いうことである．また禁煙を奨励されなくても，禁煙をすると決め，実行
に移す人がいる（彼らは禁煙の奨励を必要としない）．その場合 $q_{Ti} = 1$，
$q_{Ci} = 1$ であり，$q_{Ti} - q_{Ci} = 1 - 1 = 0$ となるため，この場合も奨励は彼
らの喫煙行動に影響しない．最後に，禁煙をするのに奨励が必要な人，いわ
ゆる順守者（complier）と呼ばれる人たちがいる．順守者は奨励があれば禁
煙するが（$q_{Ti} = 1$），奨励なしでは禁煙できない（$q_{Ci} = 0$）．したがって奨
励は順守者が禁煙するかどうかに影響する（$q_{Ti} - q_{Ci} = 1 - 0 = 1$）．簡潔
に言えば，誰もあまのじゃくな行動をとらないと仮定することで，奨励は決
して禁煙の妨げになることはないと仮定していることになる（$q_{Ti} \geq q_{Ci}$）．
これが 1 つ目の小さな仮定である．

　もし 1 つ目の小さな仮定が正しければ，ATEq は順守者の割合，つまり
順守者の総数を全員の数 I で割ったものとなる．言い換えると，ATEq は，
順守者に対しては 1，それ以外の人に対しては 0 となる量 $q_{Ti} - q_{Ci}$ の I
人全員の平均である．第 2 章の考えを用いると，大規模な無作為化実験を

行うことで，順守者の割合 ATEq の非常に良い推定値を得ることができる．それは処置群における禁煙者の割合からコントロール群における禁煙者の割合を引くだけでよい．

2つ目の小さな仮定は，奨励に耳を傾ける人が実際に存在するということである．このような人は少数かもしれないが，奨励されて初めて禁煙する人，すなわち順守者は存在する．禁煙は難しいので，順守者の数は少ないかもしれないが，$q_{Ti} - q_{Ci} = 1 - 0 = 1$ となる人 i は確かに存在するのである．1つ目と2つ目の小さな仮定を組み合わせると，禁煙に対する奨励の平均効果 ATEq は正の数であるといえる．1つ目の小さな仮定から，すべての i に対して $q_{Ti} - q_{Ci} \geq 0$ となり，負でない数の平均が負になることはないため，当然 ATEq が負になることはない．また，2番目の小さな仮定，すなわち一部の人に対して $q_{Ti} - q_{Ci} = 1$ となる仮定から，ATEq は 0 にはならない．

ATEq は正でなければならないが，もし奨励を受けて初めて禁煙する人が少なければ，0 に近い小さな値となることはありうる．もし全員が奨励されたとおりに行動するならば，つまり全員が順守者であったならば，ATEq = 100% となり，奨励を無作為化することによって禁煙を実質的に無作為化していることになる．前述のとおり Brewer らの推定から，17 週後の ATEq は 31% − 6% = 25% となり，25% が順守者であることがわかった．それはすなわち，この推定によると 25% の人々がより効果的な方の奨励を受けることで初めて禁煙するということである．もし ATEq が 0 でない場合，ATE/ATEq は 0 で割る計算にはならない．もし大規模な無作為化実験で分子 ATE と分母 ATEq の良い推定値が得られれば，比率 ATE/ATEq を推定することができる．ATEq = 25% = 0.25 であれば，ATE/ATEq = ATE/0.25 = 4 × ATE となり，これは前節で禁煙の肺機能に対する効果になりうる量として説明したものである．思い出したかもしれないが，前節では，ただ4倍しただけでは見当違いではないかと考えた．禁煙を奨励したときに4人に1人が禁煙した場合，禁煙の効果は奨励による効果の4倍になるということである．その推論が見当違いかどうか

92 | 7. 自然実験, 不連続性, 操作変数

はまだわからない.

　前節の第三の条件である除外制約が重要になるのはまさにこのときである. 除外制約とは, 奨励が人の肺機能に影響を与えるのは, 奨励によってその人が禁煙する場合に限るというものである. 「痛みなくして得るものなし」というよく言われることわざは, 除外制約を一言で表したものである. 奨励は奨励であり, 禁煙することとは別である. つまり, 何かを起こしたいのなら, 奨励をした後で何か行動をしなければならない. 奨励は禁煙を助け, そして禁煙は肺機能を改善するかもしれないが, 禁煙を伴わない奨励は肺機能に何の改善ももたらさない. これがこの文脈における除外制約の意味である. 記号で書くと $q_{Ti} - q_{Ci} = 0$ は $r_{Ti} - r_{Ci} = 0$ を意味するということである. つまり, 痛みがないこと ($q_{Ti} - q_{Ci} = 0$) は得るものがないこと ($r_{Ti} - r_{Ci} = 0$) を意味するのである.

　もし除外制約が正しければ, 奇跡的なことが起こる. 何が起こるのかを理解するには時間がかかり, またそれがなぜ奇跡的なのかを理解するのにはさらに時間がかかる. しかし, そのための準備はすでにできている.

　第 1 章の定義によれば, 肺機能に対する奨励の平均効果 ATE は, $r_{Ti} - r_{Ci}$ の I 人全員の合計値を人数 I で割った量である. 除外制約が正しければ, 順守者以外のすべての人 i, すなわち $q_{Ti} - q_{Ci} = 0$ となるすべての人 i に対して $r_{Ti} - r_{Ci} = 0$ となる. そのため, ATE は順守者全員の $r_{Ti} - r_{Ci}$ の合計値を I で割った量となる. 奨励の禁煙に対する平均効果 ATEq は, I 人全員の $q_{Ti} - q_{Ci}$ の合計値を人数 I で割った量であるので, それは順守者の数を I で割った値となる. ATE/ATEq の分子と分母はともに I で割っており, これは互いに相殺されるため, I で割るという話はやめることにしよう. このとき, ATE/ATEq は, 順守者に対する $r_{Ti} - r_{Ci}$ の合計値を順守者の数で割ったものになるため, ATE/ATEq は順守者に対する $r_{Ti} - r_{Ci}$ の平均値となる. 順守者とは禁煙を奨励されると禁煙する人であるため [*6], ATE/ATEq は順守者に対する禁煙の肺機能への平均効果となっている. これは順守者の平均因果効果と呼ばれるものである. そ

　[*6]　訳注：つまり, 順守者に対しては $r_{Ti} - r_{Ci}$ は禁煙の効果を表しているため.

してそれこそが我々がこれまで求めていたものである．我々は，禁煙の奨励のみが無作為化されている場合の，禁煙の効果を知りたかった．こうして我々が求めていたことが実現したのである．

この話を通じて奇跡的なのは，我々は順守者の見分けがつかないということである．もし Kim が禁煙を奨励されて実際に禁煙した場合，彼女は順守者の可能性もあるが，奨励がなくても禁煙していたかもしれない．記号で表すと，Kim が禁煙を奨励されて実際に禁煙した場合は $q_{Tk} = 1$ であることはわかるが，q_{Ck} についてはわからないため，彼女が順守者，つまり $q_{Tk} = 1$ かつ $q_{Ck} = 0$ となるかどうかは我々にはわからない．同じように，もし James が奨励されず，かつ禁煙しなければ，彼は順守者の可能性もあるが，たとえ奨励されても禁煙していなかったかもしれない．もし James が奨励されず禁煙しなかった場合，$q_{Cj} = 0$ であることはわかるが，q_{Tj} についてはわからないため，やはり James が順守者かどうか，つまり $q_{Tj} = 1$ かつ $q_{Cj} = 0$ となるかどうかはわからない．このことを踏まえると，順守者を見分けることがまったくできないにもかかわらず，順守者の肺機能に対する禁煙の平均効果を推定できるということは大変注目に値する．

この ATE/ATEq が順守者に対する禁煙の平均効果であるという主張は非常に重要であるため，改めて 2 つの異なる方法で説明しよう．第一に，除外制約――痛みなくして得るものなし――は，I 人全員の肺機能に対する奨励の平均効果（ATE）に含まれる，実際に禁煙することの効果のすべては，順守者によってもたらされているということを意味している．言い換えると ATE/ATEq は肺機能に対する禁煙の効果のすべてを順守者に，つまり奨励による禁煙者の増加（ATEq）に帰しているのである．もし奨励によって 4 人に 1 人が禁煙するのであれば，I 人全員に対する奨励の肺機能に対する効果はすべて，この 4 人に 1 人の人たちのみによってもたらされたものであり，そのためこの 4 人に 1 人の人たちに限定した奨励の肺機能に対する平均効果は，全員に対する奨励の平均効果の 4 倍になってい

94 | 7. 自然実験，不連続性，操作変数

るはずである *7)．奨励の効果は実際に禁煙することの効果を薄めたものになってしまうという前節で説明した議論は見当違いではないのだが，この議論は除外制約によって成立しているのである．

　2つ目の説明に移る．我々は誰が順守者かはわからない．奨励を割り当てるために投げるコインも同様に，誰が順守者かわからない．コインは誰に対しても，つまり順守者にせよ他の誰かにせよ，半分は表が出るというだけにすぎない．定義上，順守者に対しては，奨励の無作為化は禁煙を無作為化していることになる．順守者は自分たちが奨励されたことを実行するからだ．奨励を無作為化した大規模な実験の中に，順守者に対して禁煙することを無作為化した小さな実験が隠されているのである．適切でないものを無作為化した実験の中に，適切なものを無作為化した小さな実験が隠されているというわけだ．奨励を無視する人々，つまり奨励がアウトカムに影響を与えない人々に対して奨励を無作為化することに多くの時間を費やしたが，実質的な仕事は別のところでなされていたのだ．順守者に対しては，奨励を無作為化したときに，禁煙を無作為化していたのである．

住宅補助の当選通知を受ける効果と住宅補助を受給する効果

　本章の前半で説明した Jacob と Ludwig による自然実験を思い出してほしい．この実験では，無作為化された待機者リストの順位に基づいて，応募者に住宅補助の当選通知が送られた．この通知の無作為化によって，住宅補助の当選通知による雇用と収入への効果は簡単に推定できることになる．しかし結局のところ，通知を受けた応募者の多くが辞退してしまった．おそらく，住宅補助の利用権を得て，魅力的で手の届く価格の民間住宅を探しに行ったものの，補助金を利用してもなお希望する住宅は購入できないとわかったのだろう．

---

*7)　訳注：この4人に1人の人たち（順守者）に対しては奨励の平均効果は禁煙の平均効果と等しいため，結局，順守者に対する禁煙の平均効果（推定したい量）は全員に対する奨励の平均効果（大規模無作為化実験から容易に推定できる量）の4倍になる．

Jacob と Ludwig が研究していた労働意欲の減退効果は，住宅補助の当選通知を受けてもそれを辞退した場合には現れないように見える．つまるところ，所得の増加により住宅補助金が減額されてしまうときに労働意欲の減退効果が働くのだと考えられるが，補助金を辞退したのであればそもそも補助金が減額されるということは起こらない．この状況は，奨励が無作為化されるのと似ている．当選通知は無作為化されているが，実際に補助金を受け取るかどうかは通知を受けた応募者に委ねられており，補助金を受け取ること自体は無作為化されていないのである．十分考えられることだが，当選した補助金を辞退するような人々は，それを受け入れるような人々とは異なるだろう．

そこで Jacob と Ludwig は順守者の平均因果効果を推定した．言い換えると，住宅補助の当選通知を受けた場合に初めて補助金を受け取るような人々に対する住宅補助金の効果を推定したのである．住宅補助を受給することによる収入と雇用の減少の推定値は依然として小さいが，しかし取るに足らないほど小さいわけではなく，住宅補助の当選通知の効果よりも 2 倍〜3 倍大きい値であった．彼らの論文は，意図しない労働意欲の減退を生じさせないような支援プログラムをデザインする方法についての詳細な議論により締めくくられている．

処置割り当てのバイアスがより小さい状況を選ぶ

自然実験は，処置がほぼ無作為化されている何らかの自然な状況を見つけることによって，処置割り当てにおけるバイアスを回避しようとする試みである．くじと不連続性が 2 つの例だ．ときとして，我々が注目する処置は無作為化されていないが，その処置を受け入れるよう何らかの形で行われる奨励が無作為化されているということもある．ある条件下では，無作為化された奨励は，奨励された場合にのみ処置を受ける人々に対する処置効果の推定を可能にする．

8

再現，解像度，エビデンス因子

即時的な，ましてや機械的な合理性などありえない．
——イムレ・ラカトシュ「科学史とその合理的再構成」

再現は，繰り返しではない

倫理的，あるいは，実務上の理由から，特定の文脈において無作為化実験は実現不可能であるため，そうした場合には，処置の効果は観察研究により検証されることになる．得られたアウトカムは，受けた処置に関連づけられ，その関連性は第4章で示したように，測定された共変量について調整された後も，残り続ける必要がある．第5章では，感度分析において，測定されていない些末な共変量はこのような関連性を説明できないことを示した．しかし，疑問として残るのは，測定されていない共変量が「些末」であることを保証するものは何なのか，ということである．第7章では，どういう状況のときに，このような測定されていない変数により生じるバイアスが小さいといえるのか特定しようと試みた．そして，こうした試みが，自然実験につながることを説明した．しかし，やはり疑問として残るのは，バイアスが小さい状況であることを保証するものは何なのか，ということである．第6章で見たように，疑似実験という手法により，予想される反論のうち最も強力なものを無効化できる．しかし，予期せぬ反論が出ることは必ずしも否定できない．こうした問題にどう対処できるのか，どうすれば，「尽きぬ議論」を終わらせることができるのか．

8. 再現，解像度，エビデンス因子 | 97

　新しいデータを用いて，同じ分析を繰り返すこと（repetition）が役に立つのか？ たしかに，もし問題がサンプルサイズの小ささから生じる不確実性に伴うものであれば，新しいデータで分析を繰り返すことは役に立つかもしれない．しかし，最初の分析が，十分に多くのデータを用いて，なおかつ，正直で有能な研究者によって実施されていたならば，同じ研究を繰り返したとしても，最初の実験と同じ疑問を生じさせるだけかもしれない．ビッグデータが解決策となるのは，サンプルサイズの小ささが問題となっているときだけである．

解像度の改善なき繰り返し

　再現（replication）によって問題解決を図ってもうまくいかないような事例を考えてみる．依存症の臨床治療は，コカインやヘロインといった違法麻薬の使用を減少させるのだろうか．1969年〜2000年の間に集められた3つの大規模データに基づく分析は，臨床治療が薬物使用を減少させると主張した．それぞれの分析では，それまでに行われた評価分析を再現することで，その処置の効果の妥当性を強めたと主張している．それぞれのデータセットは，DARP（Drug Abuse Reporting Program），TOPS（Treatment Outcomes Prospective Study），DATOS（Drug Abuse Treatment Outcome Studies）と呼ばれる，治療を受けた1万人以上の人から集められたデータである．

　分析者の能力と誠実さについては，これらの事例では議論の余地はない．

　しかし，これらの研究の評価において，米国科学アカデミーは以下のように述べている[1]．

　　RAND[*1]の研究では，TOPSのサンプルに含まれる人のうち，治療プログラムを完了した人の薬物の使用と〔……〕3か月以内に治療プログラムから離脱した人の薬物の使用を比較した．〔……〕

[*1]　訳注：米国カリフォルニア州に本部を置くシンクタンク．

98 | 8. 再現，解像度，エビデンス因子

ここで，治療プログラムの離脱者の方が，プログラムの完了者よりも，薬物を使用する傾向がもともと高いとしたらどうだろうか．離脱者がより重度の薬物中毒者である場合や，プログラムへの参加意欲が低い場合，あるいは，治療を完了した人よりも社会的なサポートが少ない場合には，観察された離脱者と完了者の薬物利用の差は，治療プログラムの効果を反映しているのではなく，この2つのグループに属する人の属性の違いを反映しているだけなのかもしれない．〔……〕治療プログラムを終えた人は，治療プログラムの有無にかかわらず，もともと，薬物の使用を減らす可能性が高い人かもしれない．

プログラムを続けた人と離脱した人の比較は，役に立たないわけではないが，アカデミーが指摘したような理由で，それ自体では説得的ではない．そして，同じパターンを3度確認したとしても，1回だけ観察する場合と，説得力という意味ではほとんど変わらない．
　一連の研究が個別の研究を見たときよりも，より説得的であるためには，後に続く研究は，それまでの研究結果の不確かさにつながるようなバイアスを取り除くか，減少させるか，少なくとも，生じうるバイアスを変化させなければいけない．後に続く研究は，たとえ一部の反論に対して脆弱であり続けたとしても，それまでの研究に対する反論が問題としていた事項に対処していなければならない．粘り強さはもっと評価されるべき人間の美徳かもしれないが，科学では単純に繰り返すことだけが粘り強く研究することではない．

1つの対象に対しての異なった見方

喫煙が肺がんの原因であるか否かの議論を終わらせた諸研究と，前述の薬物中毒の研究を対比させてみる．
- 初期の研究では，ヘビースモーカーは，一度も喫煙をしたことがない人よりも，肺がんになる人の割合が高いことが報告されていた[2]．

8. 再現，解像度，エビデンス因子 | 99

- 研究室のマウスを使った研究では，タバコに含まれる物質ががんを引き起こすことが示されていた[3]．
- ヘビースモーカーが肺がん以外の原因で死亡した際にも，検死解剖により，非喫煙者の肺ではほとんど確認されない前がん病変が見つかることがあった[4]．
- 自立した自由でスレンダーかつ，魅力的な女性は，当然喫煙するものだ，ということを示唆する広告の影響により，女性の喫煙率は上昇した[5]．たとえば，バージニア・スリム[*2]のタバコ広告は，「ついに解放される時が来た」と謳っていた．

その後，数十年というそれなりの時間が経つと，男性の肺がん率は上昇しなかったものの，女性の肺がん率は劇的に上昇した．

これらの研究にも，反論がないわけではない．

たしかに，ヘビースモーカーは喫煙することを選択しており，非喫煙者とは異なっているかもしれない．たしかにマウスは人ではない．たしかに，すでに死亡した人の前がん病変は実際にはがんにはなっていない．たしかに，女性の喫煙率は上昇したが，同時にこれまで主に男性のみが就いていた職種に就くようになっており，そのいくつかの職種が肺がんのリスクを高めたのかもしれない．

それにもかかわらず，喫煙と肺がんの研究は，DARP や TOPS，DATOS とは異なる．

DARP，TOPS，DATOS で得られた結果は，依存症の臨床治療の効果以外の，何か別の要因によってもたらされたと説明することも可能であろう．その別の説明は誤っているかもしれないが，1 つの説明ですべての結果が説明できる可能性がある．一方，喫煙と肺がんの一連の分析に関して，喫煙が肺がんの原因であるという解釈が間違っていることを示すためには，多くの脈絡のない説明をそれぞれの分析ごとに用意し，互いに辻褄が合うように練り上げる必要がある．

再現は，単純な繰り返しとは異なる．効果的な観察分析の再現というの

[*2] 訳注：タバコの銘柄．

100 | 8. 再現, 解像度, エビデンス因子

は, それ以前の研究に疑問を呈する際に合理的な根拠となるような, 潜在的なバイアスを取り除くか, 生じるバイアスを変化させるのである.

エビデンス因子

分析の再現は, それまでの比較分析に対して投げかけられた合理的な反論に耐えうる新しい比較を提示することを意味する. もし, 再現がより多くのデータを得るという意味ではなく, 新しい独立した比較分析を行うという意味であれば, ある観察研究それ自身を使った「再現」も可能なのだろうか. 言い換えれば, 1つの研究で, 複数の比較を行い, ある比較について生じる疑念を払拭するような別の比較を行うことができないだろうか. このテーマには技術的な側面があり, 詳細な説明は参考文献に譲るとして, ここでは私のお気に入りの例について述べることにする[6].

その研究では, 子どもたちは自分では訪れたことがない親の職場にある有害物質の影響を受けるのか否かを調査した. 具体的には, 職場で鉛に曝された親の子どもも, その鉛の影響を受けるのかという問いに答えようとしたのである. たとえば, 親の衣服や髪に鉛が付着してしまい, 子どもたちも鉛に曝されてしまう可能性がある. こうした問いに答えるために, David Morton とその同僚は, 米国オクラホマ州にある, 鉛を使用する電池製造工場で働く労働者の子どもたちを調査した[7].

なお, 働いていたのはいずれも父親であった. Morton と同僚は, 親がそうした工場で働く子どもの血中鉛濃度を計測し, 近所に住む年齢の近い子どもと比較した.

図11では3つの比較を行っている. 一番左側の労働者とコントロール群の図では, コントロール群の子どもの血中鉛濃度と, 電池工場で鉛に曝された父親を持つ子どもの値を比較している. 電池工場で働いている親を持つ子どもの血液には, コントロール群の子どもよりも, 多くの鉛が含まれていた. これは, 1つ目の比較分析である.

電池工場で働く父親は, さまざまな仕事をしており, 鉛曝露の程度がそれぞれ異なっている. こうした父親の鉛曝露の程度の違いは, その子ども

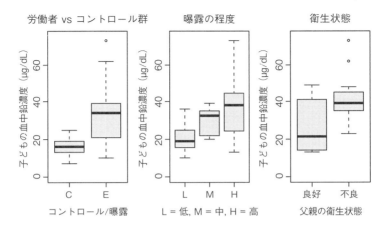

図 11 左の図にはコントロール群の子ども (C, control) と仕事で鉛に曝露された父親の子ども (E, exposed) の血中鉛濃度が示されている．中央の図は，E グループの子どもを父親の職場での曝露レベルに応じて，低い (L, low)，中程度 (M, medium)，または高い (H, high) に分けている．右の図は，H グループの子どもを父親が仕事を終えて帰る際の衛生状態に基づいて良好，あるいは不良に分けている．

の血中鉛濃度に影響を与えるだろうか．Morton たちは，父親の鉛曝露の程度によって，子どもたちを 3 つのグループ，H (高)，M (中)，L (低) に分けた．図 11 の中央の図は，父親の職場における鉛曝露の程度に従って子どもを分類した場合の血中鉛濃度を示している．父親の鉛曝露レベルが高い場合には，その子どもの血中鉛濃度はより高くなることがわかった．

次に高曝露グループは，さらにその父親が仕事を終えて工場を出る際の衛生状態に基づいて分けられた．仕事を終える前にシャワーを浴びて服を着替えたか，少なくとも服を着替えた場合には，父親の衛生状態は良好であると分類された．もし何もしなかった場合には衛生状態が不良とされた．図 11 の右の図には，鉛曝露レベルが高い父親を持つ子どもたちの血中鉛濃度が，父親の衛生状態に基づいて分類されて示されている．父親の衛生状態が悪い場合，子どもの血中鉛濃度が高くなる傾向があった．

102 | 8. 再現，解像度，エビデンス因子

　図 11 で観察されたパターンの最も簡単な説明は，電池工場の鉛が，工場に足を踏み入れたことのない子どもたちに影響を与えている，つまり，父親が鉛を家に持ち帰っていたということである．図 11 の 3 つの図における 3 つのそれぞれの比較は，観察研究に通常つきまとう問題の影響を受けないわけではない．しかし，仮にこの図が，職場で鉛曝露を受けた父親が子どもに与える影響を示しているわけではないとするなら，図 11 の 3 つの比較分析に対して，それぞれ別の誤りを指摘する必要がある．それぞれの分析に対して誤りを指摘することは論理的には可能だが，3 つの図が同じ 1 つの事実を説明しているということは，1 つの図だけで説明されている場合より，より強いエビデンスを示しているといえる．

　前述したエビデンス因子の技術的な側面も，この 3 つの図の関係性についてのものである．同じデータを異なるグループに分けて分析することによって，実際には，同じ子どものサンプルを繰り返し使って分析されたにもかかわらず，3 つの図は，あたかも異なった関連のない 3 つの研究から分析されたかのような効果をもたらす．それはまるで，1 つの研究が 3 つの研究になったかのようである．1 つの研究の中で，影響を受けるバイアスを変化させることができるのである．

9

因果推論における不確実性と複雑さ

それでもなお，これらの話はそれぞれに長所があった．物語として，それらはありふれた日常や歴史的現実よりも，もっともらしいものに見えた．現実はもっと複雑で信じがたいものである．これらの話は，それ以外の方法では理解しにくい何かを説明しているように見えた．
——ウンベルト・エーコ『セレンディピティ―言語と愚行―』

毎日の少量のアルコールは有益か？

　明確な行動指針が必要とされる場面において，不確実性や複雑さの存在は歓迎されるものではない．もし，誤った行動を選んだらどうなってしまうのだろうか．ゆっくりと死に至らしめる残酷な病に罹っているかもしれないときに，不確かさや不透明さを喜ぶ者はいない．こうした現実的な懸念は，研究室で静かな時間を過ごすべきときには，思考の妨げになりえる．

　我々は確実性や単純さについても同様に不快感を感じることがある．明確なエビデンスと簡明な論理に基づく疑念の余地のない行動指針が，とうてい受け入れる気にはならない内容であるような場面だ．望まぬ結論を導く明確なエビデンスと簡明な論理は，気分を落ち込ませることがある．

　エビデンスは我々の感情に左右される可能性があるのだ．

　デューイが「実験的な思考習慣」と呼んだものに倣うためには，ある種の自然な思考習慣に抵抗する必要がある．

　探究の道は，不確実性や複雑さを許容しないことによってしばしば閉ざされる．不確実性と複雑さには，それらへの対処を考えるより前に，まず

104 | 9. 因果推論における不確実性と複雑さ

はそれらを認めることが必要である.

　本書を締めくくる本章では，現在論争の的になっている話題，「少量の
アルコール摂取は健康に良い影響を与えるのか，悪い影響を与えるのか」
についての因果推論を扱う．この話題を取り上げるにあたり，私は若干の
不安を抱いている．それは，この話題は複雑であり，多様なエビデンスに
よって多くの疑問が残されているからである．この話題は論争の的であり
続けるとはかぎらず，解決されるかもしれない．それには時間がかかるか
もしれないし，かからないかもしれない．因果推論はジグソーパズルを組
み立てるようなものである．まだ完全に組み立てられていないパズルで本
書を締めくくるのも悪くないだろう.

がん専門医 対 心臓専門医

　2018 年，がん専門医が心臓専門医に挑戦状を叩きつけた．その挑戦とは
Noelle LoConte らによる論文，ポジションペーパー「アルコールとがん：
米国臨床腫瘍学会の声明」[1] である．2022 年時点では，アルコールの大量
摂取が，さまざまながん，自動車事故，肝臓疾患，暴力による多数の死亡
を招くということが，一般的に受け入れられている．ウォッカあるいはワ
インでさえ，1 日 1 本飲めば，健康が損なわれるだろう.

　適度なアルコール摂取であっても，妊婦では胎児にリスクをもたらす.
そして，そのリスクは妊娠が判明する前から存在している．米国疾病予防
管理センターによれば「妊娠中または妊娠活動中の安全なアルコール摂取
量というものはない．また，妊娠中に飲酒して安全な時期もない」とのこ
とである[2].

　2022 年に活発に議論された論点は，1 日のアルコール摂取量が少ない
場合，つまり，よく推奨される「夕食時のグラス 1 杯の赤ワイン」は有益
なのか有害なのかということである．果たしてグラス 1 杯のワインは寿命
を延ばすのであろうか，縮めるのであろうか．可能性としてありうる健康
効果は，心血管疾患による死亡リスクの減少である．*Journal of Clinical
Oncology* に掲載された 2018 年の論文で，LoConte らは以下のように述

べている[1].

> アルコール，特に赤ワインと心臓の健康の関係について互いに矛
> 盾するデータが存在していることは，アルコールとがんのリスク
> について扱う際の新たな障壁となる．〔……〕より大規模な研究や
> メタアナリシスにおいても，少量のアルコール摂取が，禁酒や断
> 続的な飲酒と比べて，全死因死亡率を下げるということを示すに
> は至っておらず，これは日常的なアルコール摂取に真の健康効果
> がないことを示している．心血管系の健康に対するアルコール摂
> 取の健康効果は誇張されている可能性が高い．少量のアルコール
> 摂取でもがんのリスクは増加する．つまり，総合的にはアルコー
> ルは害といえる．したがって，心血管疾患の予防や全死因死亡率
> を下げることを意図して飲酒を推奨すべきではない．

この考え方を理解するのは簡単である．発がん性物質は通常，ある物質
に多量に曝露された人々，ヘビースモーカー，ラドンガスに曝露されたウ
ラン鉱山労働者，ベンゼンに曝露された化学工場労働者などを調査するこ
とで特定される．ある物質について，人間が多量に曝露された場合にがん
の原因となることが証明された際，我々はその物質への曝露を最小限に抑
えようと慎重な措置をとる．タバコ 1 本が有害であるという確固たる証拠
を出すのが難しいからといって，毎日の喫煙を勧める人はいない．
　心臓専門医は，アルコールの健康効果について論じる際，常に慎重であ
る．彼らは日頃から，アルコールを断つか，過度な飲酒をするかという選択
に直面している人を目にしている．その選択肢の中では，断酒する方が明
らかに良い．Sylvain Tesson はこの考えについてうまい表現をしている．
「ウォッカを飲むとき，次の 1 杯を我慢するのが難しくなるのは，5 杯目か
らである」[3].
　1 日のアルコール摂取量が少ないと，心血管系に良い影響があるのだろ
うか？ そのような健康効果を支持するエビデンスは，まったくないという
わけではない．適度なアルコール摂取は，HDL コレステロールの増加，心

106 | 9. 因果推論における不確実性と複雑さ

血管疾患による死亡リスクの低下に関係している[4]．HDL コレステロールの増加は，心血管疾患に有益であると考えられている．これら 2 つの事実は，複数の所属の異なる研究者により，長年，繰り返し報告され，見事に一致している．ロシア人とは異なり，フランス人は若死にすることを頑なに拒む[5]*1)．

　それでもやはり，心臓専門医は，適度な量であれ，ワインを勧めることはしない．アメリカ心臓協会を代表して，Ira Goldberg らは以下のように主張している[6]．

> アルコール飲料の適度な摂取（1 日 1〜2 杯）は「冠状動脈性心疾患」のリスク低下と関連している．〔……〕この点に関しては，生物学的妥当性や観察データがあるとはいえ，因果関係を証明するには不十分であることを念頭に置くべきである．心血管系を扱う文献には，同質の母集団と作用機序に関するデータでは実証されたが，臨床試験では成り立たなかったという例が数多くある（β-カロテン，ビタミン E，ホルモン補充療法など）．観察研究において，測定できない人間の行動に関する因子を十分に調整することは不可能である．ワインや他のアルコール含有飲料の適度な摂取は，重大な疾患にはつながらないようであるが，他の食生活の改善とは異なり，さまざまな健康上の危険性を孕んでいる．ワインの摂取に関してエンドポイントを設定した大規模かつ無作為化された臨床試験を行わないかぎり，アルコール（特にワイン）を心疾患予防のための戦略として推奨する正当な理由は，現在のところほとんどない．

---

*1)　訳注：フランスでは食事に含まれる飽和脂肪酸の量が多いのにもかかわらず冠状動脈性心疾患による死亡率が他国に比べて低いという調査がある．これは「フレンチ・パラドックス」として知られ，ワインを常飲していることがその理由だとする主張がある．

新しい手法からの反論—メンデル無作為化法—

すべての研究がアルコールによる心血管疾患リスクの低下を認めているわけではない.

Michael Holmes らによる最近の研究では, 新しい手法を用いて, アルコールが心血管リスクを高めることを示している. この新しい手法はメンデル無作為化 (Mendelian randomization) として知られているものである[7].

たとえば, 以下を仮定しよう. ある特定の遺伝子の変異はアルコール摂取量を減らす. 人々はこの変異した遺伝子をランダムに受け継ぐ. そして, この遺伝子は, アルコール摂取を減らすことによる間接的な経路でのみ, 心血管疾患に対して影響を与えるとする. この仮定はいくぶん強く, 真実とはいえないかもしれない点は認めざるをえない.

故にやや無理がある仮定かもしれないが, これらを真実とすれば, 第7章にあるように, この遺伝子はアルコール摂取に対する操作変数となるだろう. メンデル無作為化が興味深いのは, それが無謬だからではない. 無作為化実験以外には, 無謬に近いといえる因果推論はない. 興味深い理由は, むしろその欠点にあり, それが共変量調整後に処置群とコントロール群を比較した場合に生じる欠点とは異なるからである. 我々がある対象物に対し, それが錯覚ではなく実在していると思うのは, 見間違いを生じさせうるさまざまな視点から見てもなお, それが同じように見えるときである.

Holmes らは以下のように述べている[8].

ADH1B rs1229984 の A アレルの保有者は, 週当たりのアルコール摂取量が非保有者に比べて 17.2％少なく〔……〕過度な飲酒の頻度が低く〔……〕そして非保有者よりも高い断酒率を示していた.〔……〕断酒やアルコール摂取の減量に関連する遺伝子変異の保有者は, その遺伝子変異の非保有者と比べて, 心血管系の状態

108 | 9. 因果推論における不確実性と複雑さ

が良好で，冠状動脈性心疾患のリスクが低いことがわかった．これは，軽度から中等度の飲酒者であっても，アルコール消費を減らすことが心血管の健康にとって有益であることを示唆している．

メンデル無作為化を用いた研究は，曝露群と非曝露群を比較する研究とは異なる問題に直面している．第8章で述べたように，我々は異なる問題に直面している研究が，因果効果については一致した見解を示すことを望んでいる．そして，喫煙と肺がんの研究においては，これが実際に起こったことを確認したのだった．それとは対照的に，この事例においては，軽度または中等度のアルコール摂取について，研究デザインや方法論を変えることで，健康効果に関する結論が，有益性を示すものから有害性を示すものへと変わってしまう．

<h2 style="text-align:center">答えは複雑かもしれない</h2>

がんのリスクと心臓病のリスクの間に実際にトレードオフがあるというのはかなり強い仮定であるが，仮にその仮定を置いたとすると，その構造は複雑である可能性が高い．遺伝子の違いによって，アルコール代謝能は人によって異なる．遺伝子の違いによって，がんのリスクも異なる．遺伝子の違いによって，心臓病のリスクも異なる．人間にはおそらく2万5千もの遺伝子があり，その多くに重要な変異がある．

がんと心臓病のリスクがトレードオフの関係にあるとすれば「1杯の赤ワインを飲むこと」についての最良のアドバイスは，個人の遺伝子の違いによって異なってくる可能性がある．私が2022年に記した通り，遺伝子がアルコールの代謝，がん，心臓病にどのような影響を与えるかについてはある程度わかってきている．しかし，これらは「1杯の赤ワイン」を推奨する根拠としては不十分であり正確性にも欠ける．

米国疾病予防管理センターは，アルコールが乳がんを引き起こすと考えられていることもあり，飲酒を推奨してはおらず，代わりに「男性は1日2杯以下，女性は1日1杯以下に摂取量を制限する」ことを推奨している[9]．

9. 因果推論における不確実性と複雑さ | 109

また，性別以外の要素も重要である可能性がある．

伝統的な毒素（toxin）

酒の歴史は，有史よりも古い．ホメロスの『イーリアス』には，酩酊（intoxicated）した中東の男たちが美女をめぐって争ったことが書かれている．儀式や祝賀の場に酒はつきものである．友人，家族，恋人たちは一緒に酒を飲む．我々は祝杯をあげるため，同情するため，ときには悲しみを紛らわすために酒を飲む．酒なしでは付き合えない友人や，気楽に行けなくなる場所がある．宗教では，礼拝に酒を使う場合もあれば，飲酒を大罪とする場合もある．アルコールは脳に影響を与え，気分，判断力，能力，自制心，行動をも変化させる．一時的な自制心や能力の喪失であっても，割と高い確率で，取り返しのつかない事態を招く可能性がある．

私は「我々の感情がアルコールの健康効果に関するエビデンスの評価を難しくしている」と主張しているのではない．アルコールは一例に過ぎない．私が主張したいのは「我々の感情がエビデンスの評価を難しくしている」ということである．

現存するエビデンスに対する，完全に合理的な反応は，がんのリスクを増加させることなく，心血管疾患のリスクを減少させる方法を探すというものである．選択肢としては，運動，減量，食習慣の改善，そしてさらなる運動の強化などである．これは合理的ではあるかもしれないが，ランニングマシンをワイン1杯の代わりとするのは適切とはいい難い，という意見はあるだろう．

総死亡率

なぜ，日常的な少量のアルコール摂取について，議論や対立があるのだろうか？ 特定の疾患による死亡率のみではなく，総死亡率についての議論もある．日常的な少量のアルコール摂取の有益性を報告している多くの研究は，冠状動脈性心疾患による死亡率に焦点を当てている．あくまで仮

の話ではあるが，冠状動脈性心疾患による死亡率が低下するという主張を受け入れたとして，それはがんや事故，その他の疾患による死亡率の増加を相殺するほどの効果を持つのだろうか？　毎日の1杯のワインによって，人々の寿命は変わるのだろうか？　総死亡率は低下するのだろうか？　これが1つの論点である．

　総死亡率の研究は，特定の疾患による死亡率の研究より，現実とより緊密な関係にある．ある疾患のリスクを減らすというモデルに基づいた主張において，他の疾患のリスクは一定に保ったままとするケースが散見される．このような説明においては，天使がベジタリアンであるかどうかをめぐる議論のように，データやエビデンスによる検証を免れてしまう側面がある．この重要な事実は，Anastasios Tsiatis によって初めて実証された[10]．

想定される心疾患への健康効果は，単なる間違いなのだろうか？

　アルコールが心血管疾患に対して示すとされる恩恵が，少しの量を飲む人，多くの量を飲む人，一切飲まない人という分類に起因するバイアスによって生じた見せかけのものではないかという懸念もある．この可能性は *Journal of Clinical Oncology* で 2018 年に発表された論文で提起され，以降，各所で議論されている．

　この議論は，いわゆる J 字型曲線に関するものである[11]．概念図を図 12 に示す．

　図 12 の左側の図 (a) は，1 日のアルコール消費量が増加するにつれ，死亡率が一貫して増加する様子を描いている．右の図 (b) は J 字型曲線である．ここでは少量のアルコール摂取が，最も低い死亡率を示している．争点は，どちらの図が真実を表しているかということである．重要なのは，「アルコールの健康効果なし」の図 (a) と「J 字型曲線」の図 (b) にそれほど違いがないことである．どちらの図でも，アルコール消費量が多い場合には死亡率が高く，消費量が少ない場合には死亡率が低い．禁酒の場合と軽い飲酒の場合の差はどちらの図においても比較的小さい．第 5 章で見たように，小さな処置効果はしばしば小さなバイアスにも影響を受ける．ど

9. 因果推論における不確実性と複雑さ | 111

図12 (a) 1日のアルコール消費量が増加するにつれ死亡率が一貫して増加するケースと (b) 少量のアルコール摂取が最も低い死亡率を示すケース（いわゆるJ字型曲線）の比較.

ちらの図も，多量のアルコール摂取による害が劇的であることを示している．このような効果は，適切な方法で実施された一連の観察研究によって，多くの場合，効果のないケースと区別することができる．このような効果は小さなバイアスや中程度のバイアスにも影響を受けにくいだろう．対照的に，各図で異なっているのは，少量の摂取の場合における2つの異なる小さな効果である．図12の一方の図が他方の図よりも有利であるというエビデンスは，測定されていない小さなバイアスに影響を受ける可能性がある．

　どのようなバイアスが存在しうるのであろうか？　まず，なぜアルコールを完全に断つ人々と，毎日少量を摂取する人々がいるのであろうか？　おそらく大多数の人々は，禁酒するかどうかを個人の趣味・嗜好に基づいて決めている．また，宗教的な理由で禁酒する人もいる．

　アルコール依存症の治療過程で，少量であっても飲むと回復が危ぶまれるからという理由で禁酒する人もいる．他の病気のために飲酒を控える人もいる．アルコールを飲むことができない薬を服用しているために控える人もいる．図12の(b)中で小さく曲がっている部分は，多くは健康な禁酒者の集団を反映しているのかもしれないが，疾患を持っている人も一定数

112 | 9. 因果推論における不確実性と複雑さ

含まれているだろう．重大な疾患を罹患している場合，小さな集団であっても，死亡率を大きく歪めてしまう可能性がある．

研究対象としたいのは健康とは無関係の理由で禁酒している人々である．メンデル無作為化を用いた Holmes らの研究は，そのような試みの 1 つである．セブンスデー・アドベンチスト教会の信者を研究対象としたケースもある．彼らは宗教的な理由で酒を飲まない．しかし，比較対象としては欠点がある．なぜなら，彼らはタバコも吸わず，約半数はベジタリアンだからである．彼らがいかに健康であるかを知っても，こうしたバイアスの問題は残ってしまう[12]．

バイアスの可能性を調査した研究の中で，私のお気に入りは 1982 年の小規模研究である．筆者らはアルコールの健康効果を調べるために研究を開始したが，代わりにバイアスの存在を実証することとなった．Bo Petersson, Erik Trell, Hans Kristenson の 3 人は，スウェーデン人男性を対象に，アルコールの摂取について 10 個の体系化された質問をした．

1 つの質問では禁酒について尋ねた．9 つの質問では，問題のある飲酒行動について把握すべく，飲酒の状況について尋ねた．死亡率が最も低かったのは，アルコールを摂取していたが，少量のグループであった．では，最も死亡リスクが高かったのは，最も多くアルコールを摂取したグループであったか？ そうではなかった．死亡リスクが最も高かったのは禁酒者であった．なぜ，禁酒者は，そのような高い死亡リスクを示していたのだろうか？ Petersson らは次のように書いている．「これらの男性のほとんどは，禁酒の理由として慢性疾患，あるいはアルコール依存症の既往歴があった．禁酒をしている集団の死亡率の増加は，禁酒をするより日々の飲酒習慣の方が，疾患に対する予防効果があるかのような誤った印象を生じさせるかもしれない」[13]．

アルコールを控えるから病気になるのではなく，病気だからアルコールを控える人がいるという可能性を無視すべきではない．人々が禁酒する理由を探らなければ，つまり，健康とは別の理由で禁酒した人々のアウトカムを比較しなければ，杜撰な研究になってしまう（第 6 章参照）．宗教的

な理由で禁酒している人の死亡率は下がるが，アルコール依存症の治療中であるために禁酒している人の死亡率は上がるようであれば，それは禁酒による害を否定するエビデンスとなる．もしどちらのタイプの禁酒者も，毎日グラス1杯のワインを飲む人より死亡率が高いのであれば，これは想定された場所でバイアスのエビデンスが見つからなかったということになり，その事実はグラス1杯のワインが有益であるという主張に対していくらか裏づけを与えることになるだろう．一般論としては，哲学者のアーネスト・ソウザの次のような指摘がある．「知識というものが，真実を求める過程における適切な知的活動の問題であるならば，怠慢は我々から知識を奪うことになる．〔……〕我々がエビデンスを検証するべきであるにもかかわらず心を閉ざすとき，我々は怠慢といえる．このような場合，我々の成功は運に頼ることになる．そして，仮に幸運にめぐまれたとしても，運は運に過ぎない」[14]．

　Petersson, Trell, Kristenson の論文は40年近く前に著名な医学雑誌に掲載されたにもかかわらず，あまり引用されていない．この論文は，少量のアルコール摂取が有益であることを示す結果を得たが，この結果は適切なものではないかもしれないと述べている．これは，実証科学は難しいものであり，重大な間違いが生じることも珍しくない，ということを暗に示している．これは警告でもある．図12の2つの図の区別のように，小さな処置効果に関する観察研究は，怠慢，過信，あるいは避けられない誤りにより，簡単に間違った答えを導きうる．その論文が多くの真実を含んでいようとも，それが喜ばしくない結果であれば，引用する人は少ないだろう．

　結局のところ，毎日の少量のアルコール摂取は有益なのだろうか？

　毎日のグラス1杯の赤ワインは寿命を延ばすのか，縮めるのか？
　答えは何であろうか？
　時間が解決してくれるだろう．
　あるいは，そうではないかもしれない．

キーアイデア

第1章 処置による効果 処置によって引き起こされる効果とは，同一人物に対する2つの潜在的アウトカム（処置下で観察されるアウトカムとコントロール下で観察されるアウトカム）の比較である．因果推論が難しいのは，被験者は処置かコントロールかのどちらか一方しか受けることがなく，2つの潜在的アウトカムを両方とも観察することはないからである．

第2章 無作為化実験 第1章の問題は，1人の人間に対しては解決策がない．無作為化実験では，公平なコイン投げを繰り返し，人々を処置群とコントロール群とに分ける．倫理的に問題なく実行可能な場合，無作為化実験を行うことで，その有限な集団に対する処置の平均的な効果を推論することができる．

第3章 観察研究—問題点の考察— 処置群とコントロール群の無作為割り当ては倫理的に問題があったり，現実的でなかったりする場合がある．無作為割り当てに基づかない研究を観察研究というが，観察研究では認識できる部分とできない部分のいずれについても，処置群とコントロール群があらかじめ異なっている可能性がある．観察研究においては，本来比較可能ではない処置群とコントロール群とを比較してしまうことによって処置の因果効果について誤った結論を下してしまう危険がある．

第4章 測定された共変量の調整 処置群とコントロール群において，年齢などの測定された共変量が異なっていた場合，調整によって解決できることがある．最も簡単な調整方法は，マッチングしたサンプルを抽出することである．これは，コントロール群全体の中から，測定された共変量（たとえば年齢）が処置群と近いものを選び，コントロール群として用いる方法である．また，多くの共変量に対してマッチングする場合に役立つ

ツールが，傾向スコアである．傾向スコアは，処置に割り当てられる確率を，観測された共変量に基づいて推定したものである．

第5章　測定されていない共変量に対する感度　　処置群とコントロール群が目に見える部分（測定されている共変量）においてのみ異なっているという確証はない．測定されていない共変量においても異なっているかもしれない．この共変量による目に見えないわずかな差は，結論を変えてしまうだろうか．その答えは感度分析によって得られる．

第6章　観察研究のデザインにおける疑似実験的手法　　感度分析は，処置以前に存在する，目に見えない小さな差異に対処しようとする方法である．当然のことながら，差異は大きい場合もある．目に見えないが大きな差異が存在する場合，目に見える形で痕跡が残っているかもしれない．目に見えない小さなネズミは気づかないうちに通り過ぎてしまうかもしれないが，目に見えないゾウが通り過ぎたあとには，何らかの痕跡が残っているものだ．複数のコントロール群を用いた疑似実験的手法は，処置群とコントロール群の間に，処置とは別の測定されていない大きな差異がある場合，それを発見するための有効な手段となる．

第7章　自然実験，不連続性，操作変数　　処置の無作為割り当ては倫理的に問題があったり，実行不可能であったりするが，しかし何らかのランダムさは誰の人生にも入り込み，その進路を変えている．自然実験，不連続性そして操作変数は，観察研究において，そうした自然に生じるランダム性を見つけ出して積極的に利用する試みである．

第8章　再現，解像度，エビデンス因子　　再現は科学の核を成すものである．しかし，同じ手順を繰り返して，同じ間違いを繰り返すのは簡単に起こりうるため，注意を要する．一連の複数の観察研究を行うことで，それぞれの研究が異なった問題に頑健であれば，1つの研究を単独で行うよりも，より信頼性の高い結論を与えることができる．エビデンス因子分析

116 | キーアイデア

とは，1つの研究内において，注意深く変化をつけてさまざまな比較を行うことで，分析の再現を行うものである．

第9章　因果推論における不確実性と複雑さ　　無作為化実験以外のケースにおいては，因果推論は一筋縄ではいかない．探究の道は，不確実性や複雑さに耐えきれないことによってしばしば阻まれる．不確実性と複雑さに対しては，それらへの対処を考える前に，まずそれらを受け入れる必要がある．

用語解説

平均処置効果（ATE, average treatment effect）　ある集団における平均処置効果は，その集団内の個人の因果効果の平均である．平均因果効果（ACE, average causal effect）と呼ばれることもある．無作為化実験は，平均処置効果の正確な推定を可能にする．**因果効果**および第 1 章を参照．

箱ひげ図（boxplot）　箱ひげ図は大量の数値からなる集団を主に 3 つの数値を使って描写する方法である．中央値は集団を上下半分ずつに分け，第 3 四分位数は中央値より上の集団を上下半分ずつに分け，第 1 四分位数は中央値より下の集団を上下半分ずつに分ける．これらの 3 つの数値が「箱」として描写される．いわゆる「ひげ」は，箱から上下に伸びる線で，極端ではない最大と最小の数値のところまで引かれる．極端な数値は，別個の点としてプロットされる．第 3 章を参照．

因果効果（causal effect）　ある個人に対する 2 つの潜在的アウトカム，すなわち，処置群に割り当てられた場合にその個人が示すであろうアウトカムと，コントロール群に割り当てられた場合にその個人が示すであろうアウトカムの比較．第 1 章を参照．

順守者の平均因果効果（complier average causal effect）　順守者とは，操作変数法の枠組みにおいて，奨励があった場合にのみ処置を受け入れる個人である．順守者の平均因果効果は，順守者で構成される部分集団における平均処置効果（ATE）である．**操作変数**および第 7 章を参照．

共変量（covariate）　共変量は，処置前の個人の特徴を示すものである．その個人が後に受ける処置には影響されない．個人は 2 つの潜在的アウトカム（ひとつは処置下，もうひとつはコントロール下）を持つが，共変量は 1 つの値しか持たない．第 2 章を参照．

操作変数（instrument, instrumental variable）　操作変数とは，処置を受けることを促す無作為の働きかけを示す．この働きかけは，実験対象が受ける処置を実際に変えることに成功した場合にのみアウトカムに影響する．順守者の平均因果効果および第7章を参照．

自然実験（natural experiment）　自然実験とは（意図的にではないが）自然に生じた「無作為であるとみなせる処置の割り当て」を利用した観察研究である．（第7章で扱われているような）くじによる処置の割り当ては典型的な例である．第7章を参照．

観察研究（observational study）　個人が処置群やコントロール群に無作為に割り当てられたわけではない状況における処置効果の研究である．無作為化実験と比較される．第3章を参照．

傾向スコア（propensity score）　観察研究において，傾向スコアとは，観測された共変量について特定の値を持つ個人が処置群である確率である．第3章および第4章を参照．

疑似実験的手法（quasi-experimental device）　観察研究において疑似実験的手法は，処置割り当てに生じうるバイアスの原因に対処するため，実験デザインに追加される特定のデータである．これらの手法は大抵は単純なものであるが示唆に富んでおり，研究の結論に対する疑念を減らすことが可能である．代表的な例は複数のコントロール群や処置の影響を受けないアウトカム，そしてカウンターパートである．第6章を参照．

無作為化実験（randomized experiment）　無作為化実験では，処置群やコントロール群への割り当てを行う際に，コイン投げのような真に無作為な手法が用いられる．第2章を参照．

感度分析（sensitivity analysis）　無作為化実験以外では，相関は因果を意味しない．あらゆる相関は，処置割り当てに十分大きなバイアスがあれば説明可能である．感度分析を用いることで，特定の観察研究におけ

る「この観察研究で観察された相関を説明するためには，処置割り当てにどの程度のバイアスが存在する必要があるか？」という質問に答えることができる．

注　釈

第 1 章

1) John Rhodehamel, *George Washington: The Wonder of the Age* (New Haven, CT: Yale University Press, 2017), 78, 299.

2) Frank M. Snowden, *Epidemics and Society: From the Black Death to the Present* (New Haven, CT: Yale University Press, 2019), 17–18.（桃井緑美子・塩原通緒［訳］『疫病の世界史 上・下』明石書店，2021.）

3) John Waller, *The Discovery of the Germ: Twenty Years That Transformed the Way We Think about Disease* (New York: Columbia University Press, 2002), 75–81.

4) John Dewey, *Reconstruction in Philosophy* (New York: Dover, 2004), 7.（清水幾太郎・清水禮子［訳］『哲学の改造』岩波書店，1968.）

5) George Pólya, *How to Solve It: A New Aspect of the Mathematical Method* (Princeton, NJ: Princeton University Press, 1973), 136.（柿内賢信［訳］『いかにして問題をとくか』丸善出版，1954.）

6) 足し算の順序を変えるだけで，$r_{T+} - r_{C+} = (1/2)(r_{Tk} + r_{Tj}) - (1/2)(r_{Ck} + r_{Cj}) = (1/2)(r_{Tk} - r_{Ck}) + (1/2)(r_{Tj} - r_{Cj}) = \text{ATE}$ となる．これを再度並べ替えると，$\text{ATE} = (1/2)(r_{Tk} - r_{Cj}) + (1/2)(r_{Tj} - r_{Ck})$ となり，これは表と裏の平均で，表は Kim を処置に割り当て James をコントロールに割り当てる場合，裏は James を処置に割り当て Kim をコントロールに割り当てる場合である．同様の並べ替えは，2 人以上の場合にも適用できる．

第 2 章

1) World Health Organization, "Ebola Virus Disease," February 23, 2021, https://www.who.int/news-room/fact-sheets/detail/ebola-virus-disease.

2) これらのここでは言及していない特徴については以下を見よ．Sabue Mulangu, Lori E. Dodd, Richard T. Davey Jr., Olivier Tshiani Mbaya,

Michael Proschan, Daniel Mukadi, Mariano Lusakibanza Manzo, et al., "A Randomized, Controlled Trial of Ebola Virus Disease Therapeutics," *New England Journal of Medicine* 381, no. 24 (2019): 2293–2303; Michael A. Proschan, Lori E. Dodd, and Dionne Price, "Statistical Considerations for a Trial of Ebola Virus Disease Therapeutics," *Clinical Trials* 13, no. (2016): 39–48.

3) Alex John London, "Equipoise in Research: Integrating Ethics and Science in Human Research," *Journal of the American Medical Association* 317, no. 5 (2017): 525.

4) John P. Gilbert, Richard J. Light, and Frederick Mosteller, "Assessing Social Innovations: An Empirical Base for Policy," in *Evaluation and Experiment: Some Critical Issues in Assessing Social Programs*, ed. Carl A. Bennett and Arthur A. Lumsdaine (New York: Academic Press, 1975), 149–150.

5) この段落および他の箇所では，ある小さな技術的問題を省略している．公正なコインを 343 回投げることは，343 人の患者の中から無作為に 179 人の患者を選ぶことと完全に同じではない．William G. Cochran, *Sampling Techniques* (New York: John Wiley and Sons, 1977) を参照．本書は専門書ではないため，以降，他の小さな技術的問題についても，この事実について特に脚注で断ることなく省略している．

6) Cochran, *Sampling Techniques*, chapter 2.

第 3 章

1) M. Tirmarche, A. Raphalen, F. Allin, J. Chameaud, and P. Bredon, "Mortality of a Cohort of French Uranium Miners Exposed to Relatively Low Radon Concentrations," *British Journal of Cancer* 67, no. 5 (1993): 1090–1097.

2) William G. Cochran, "The Planning of Observational Studies of Human Populations (with Discussion)," *Journal of the Royal Statistical Society* A 128, no. 2 (1965): 234.

3) David Card and Alan B. Krueger, "Minimum Wages and Employment: A Case Study of the Fast-food Industry in New Jersey and Pennsylvania," *American Economic Review* 84, no. 4 (1994): 772–793.

4) José R. Zubizarreta, Magdalena Cerdá, and Paul R. Rosenbaum, "Effect of the 2010 Chilean Earthquake on Posttraumatic Stress," *Epi-*

122 | 注 釈

demiology 24, no. 1 (2013): 79–87.

5) Jeffrey Milyo and Joel Waldfogel, "The Effect of Price Advertising on Prices: Evidence in the Wake of 44 Liquormart," *American Economic Review* 89, no. 5 (1999): 1081–1096; James W. Marquart and Jonathan R. Sorensen, "Institutional and Postrelease Behavior of Furman-Commuted Inmates in Texas," *Criminology* 26, no. 4 (1988): 677–694.

6) この例のより詳細な議論と関連する文献については以下を見よ. Paul R. Rosenbaum, *Design of Observational Studies* (New York: Springer, 2020), chapters 19–20.

7) David R. Cox and E. Joyce Snell, *Analysis of Binary Data* (New York: Chapman and Hall/CRC, 1989).

8) Dimitra Kale, Kaidy Stautz, and Andrew Cooper, "Impulsivity Related Personality Traits and Cigarette Smoking in Adults: A Meta-analysis Using the UPPS-P Model of Impulsivity and Reward Sensitivity," *Drug and Alcohol Dependence* 185 (2018): 149–167; Jane E. Sarginson, Joel D. Killen, Laura C. Lazzeroni, Stephen P. Fortmann, Heather S. Ryan, Alan F. Schatzberg, and Greer M. Murphy Jr., "Markers in the 15q24 Nicotinic Receptor Subunit Gene Cluster (CHRNA5-A3-B4) Predict Severity of Nicotine Addiction and Response to Smoking Cessation Therapy," *American Journal of Medical Genetics Part B: Neuropsychiatric Genetics* 156, no. 3 (2011): 275–284.

第 4 章

1) Paul R. Rosenbaum and Donald B. Rubin, "The Central Role of the Propensity Score in Observational Studies for Causal Effects," *Biometrika* 70, no. 1 (1983): 41–55.

2) Paul R. Rosenbaum, *Design of Observational Studies* (New York: Springer, 2020), chapter 11.

注 釈 | *123*

第 5 章

1) Avner Baz, *When Words Are Called For* (Cambridge, MA: Harvard University Press, 2012), chapter 4.（飯野勝己［訳］『言葉が呼び求められるとき：日常言語哲学の復権』勁草書房，2022）

2) Allan M. Brandt, *The Cigarette Century: The Rise, Fall, and Deadly Persistence of the Product That Defined America* (New York: Basic Books, 2007), chapter 12.

3) Irwin D. J. Bross, "Statistical Criticism," *Cancer* 13, no. 2 (1960): 394.

4) Ludwig Wittgenstein, *On Certainty* (New York: Harper and Row, 1969), # 122.（黒田　亘［訳］「確実性の問題」『ウィトゲンシュタイン全集 9 確実性の問題/断片』，pp. 1–164，大修館書店，1975.）

5) Bross, "Statistical Criticism," 399.

6) Richard Doll and A. Bradford Hill, "The Mortality of Doctors in Relation to Their Smoking Habits," *British Medical Journal* 1, no. 4877 (1954): 1451–1455; E. Cuyler Hammond and Daniel Horn, "Smoking and Death Rates: Report on Forty-Four Months of Follow-up of 187,783 Men. 2. Death Rates by Cause," *Journal of the American Medical Association* 166, no. 11 (1958): 1294–1308; E. Cuyler Hammond, "Smoking in Relation to Mortality and Morbidity: Findings in the First Thirty-Four Months of Follow-up in a Prospective Study Started in 1959," *Journal of the National Cancer Institute* 32, no. 5 (1964): 1161–1188.

7) W. L. Laurence, "Cigarette-Cancer Links Disputed," *New York Times*, December 29, 1957, 101.

8) Ralph Waldo Emerson, *Essays and Poems* (London: Everyman, 1995), 29.

9) Jerome Cornfield, William Haenszel, E. Cuyler Hammond, Abraham M. Lilienfeld, Michael B. Shimkin, and Ernst L. Wynder, "Smoking and Lung Cancer: Recent Evidence and a Discussion of Some Questions," *Journal of the National Cancer Institute* 22, no. 1 (1959): 193.

10) Joel B. Greenhouse, "Commentary: Cornfield, Epidemiology and Causality," *International Journal of Epidemiology* 38, no. 5 (2009): 1200.

11) Paul R. Rosenbaum, *Design of Observational Studies* (New York:

124 | 注 釈

Springer, 2020), chapter 3.

12) 喫煙と肺がんについては以下を見よ．Paul R. Rosenbaum, *Observational Studies* (New York: Springer, 2002), 115, 129. シートベルトと自動車事故については，Rosenbaum, *Design of Observational Studies*, 182.

13) Ruoqi Yu, Dylan S. Small, and Paul R. Rosenbaum, "The Information in Covariate Imbalance in Studies of Hormone Replacement Therapy," *Annals of Applied Statistics* 15, no. 4 (2021): 2023–2042.

14) Emerson, *Essays and Poems*, 121.

第 6 章

1) Wayne A. Ray, Katherine T. Murray, Kathi Hall, Patrick G. Arbogast, and C. Michael Stein, "Azithromycin and the Risk of Cardiovascular Death," *New England Journal of Medicine* 366, no. 20 (2012): 1881–1890.

2) Donald T. Campbell, *Methodology and Epistemology for Social Science: Selected Papers 1957–1986* (Chicago: University of Chicago Press, 1988), 177–179.

第 7 章

1) Will Dobbie and Roland G. Fryer Jr., "The Medium-Term Impacts of High-Achieving Charter Schools," *Journal of Political Economy* 123, no. 5 (2015): 985–1037; Atila Abdulkadiroğlu, Parag A. Pathak, and Christopher R. Walters, "Free to Choose: Can School Choice Reduce Student Achievement?," *American Economic Journal: Applied Economics* 10, no. 1 (2018): 175–206.

2) Brian A. Jacob and Jens Ludwig, "The Effects of Housing Assistance on Labor Supply: Evidence from a Voucher Lottery," *American Economic Review* 102, no. 1 (2012): 272–304.

3) Scott Hankins, Mark Hoekstra, and Paige Marta Skiba, "The Ticket to Easy Street? The Financial Consequences of Winning the Lottery," *Review of Economics and Statistics* 93, no. 3 (2011): 961–969.

4) Jacob and Ludwig, "The Effects of Housing Assistance on Labor Supply," 273.

5) Bijayeswar Vaidya, Helen Imrie, Petros Perros, Eric T. Young, William F. Kelly, David Carr, David M. Large, et al., "The Cytotoxic T Lymphocyte Antigen-4 Is a Major Graves' Disease Locus," *Human Molecular Genetics* 8, no. 7 (1999): 1195–1199.

6) David Curtis, "Use of Siblings as Controls in Case-Control Association Studies," *Annals of Human Genetics* 61, no. 4 (1997): 319–333; Richard S. Spielman and Warren J. Ewens, "A Sibship Test for Linkage in the Presence of Association: The Sib Transmission/Disequilibrium Test," *American Journal of Human Genetics* 62, no. 2 (1998): 450–458.

7) Stavra N. Romas, Vincent Santana, Jennifer Williamson, Alejandra Ciappa, Joseph H. Lee, Haydee Z. Rondon, Pedro Estevez, et al., "Familial Alzheimer Disease among Caribbean Hispanics: A Reexamination of Its Association with APOE," *Archives of Neurology* 59, no. 1 (2002): 87–91.

8) Richard S. Spielman, Ralph E. McGinnis, and Warren J. Ewens, "Transmission Test for Linkage Disequilibrium: The Insulin Gene Region and Insulin-Dependent Diabetes Mellitus (IDDM)," *American Journal of Human Genetics* 52, no. 3 (1993): 506–516.

9) Joseph D. Dougherty, Susan E. Maloney, David F. Wozniak, Michael A. Rieger, Lisa Sonnenblick, Giovanni Coppola, Nathaniel G. Mahieu, et al., "The Disruption of Celf6, a Gene Identified by Translational Profiling of Serotonergic Neurons, Results in Autism-Related Behaviors," *Journal of Neuroscience* 33, no. 7 (2013): 2732–2753.

10) Donald L. Thistlethwaite and Donald T. Campbell, "Regression-Discontinuity Analysis: An Alternative to the Ex Post Facto Experiment," *Journal of Educational Psychology* 51, no. 6 (1960): 309–317.

11) John DiNardo and David S. Lee, "Economic Impacts of New Unionization on Private Sector Employers: 1984–2001," *Quarterly Journal of Economics* 119, no. 4 (2004): 1385.

12) Sandra E. Black, "Do Better Schools Matter? Parental Valuation of Elementary Education," *Quarterly Journal of Economics* 114, no. 2 (1999): 577–599.

13) Luke Keele, Rocio Titiunik, and José R. Zubizarreta, "Enhancing a Geographic Regression Discontinuity Design through Matching to Estimate the Effect of Ballot Initiatives on Voter Turnout," *Journal of the Royal Statistical Society*, series A (2015): 223–239.

126 | 注 釈

14) Paul W. Holland, "Causal Inference, Path Analysis and Recursive Structural Equations Models," *Sociological Methodology* 18 (1988): 449–484.

15) Judson A. Brewer, Sarah Mallik, Theresa A. Babuscio, Charla Nich, Hayley E. Johnson, Cameron M. Deleone, Candace A. Minnix-Cotton, et al., "Mindfulness Training for Smoking Cessation: Results from a Randomized Controlled Trial," *Drug and Alcohol Dependence* 119, no. 1–2 (2011): 72.

16) Joshua D. Angrist, Guido W. Imbens, and Donald B. Rubin, "Identification of Causal Effects Using Instrumental Variables," *Journal of the American Statistical Association* 91, no. 434 (1996): 444–455.

第 8 章

1) Charles F. Manski, John V. Pepper, Yonette F. Thomas, and the US National Research Council, *Assessment of Two Cost-Effectiveness Studies on Cocaine Control Policy* (Washington, DC: National Academies Press, 1999), 17–18.

2) Richard Doll and A. Bradford Hill, "The Mortality of Doctors in Relation to Their Smoking Habits," *British Medical Journal* 1, no. 4877 (1954): 1451–1455; Cuyler E. Hammond and Daniel Horn, "Smoking and Death Rates: Report on Forty-Four Months of Follow-up of 187,783 Men, 2: Death Rates by Cause," *Journal of the American Medical Association* 166, no. 11 (1958): 1294–1308.

3) E. Boyland, F. J. C. Roe, and J. W. Gorrod, "Induction of Pulmonary Tumours in Mice by Nitrosonornicotine, a Possible Constituent of Tobacco Smoke," *Nature* 202, no. 4937 (1964): 1126.

4) Oscar E. Auerbach, Cuyler Hammond, and Lawrence Garfinkel, "Changes in Bronchial Epithelium in Relation to Cigarette Smoking, 1955–1960 vs. 1970–1977," *New England Journal of Medicine* 300, no. 8 (1979): 381–386.

5) John C. Bailar and Heather L. Gornik, "Cancer Undefeated," *New England Journal of Medicine* 336, no. 22 (1997): 1569–1574.

6) Paul R. Rosenbaum, *Replication and Evidence Factors in Observational Studies* (New York: Chapman and Hall/CRC, 2021).

7) David E. Morton, Alfred J. Saah, Stanley L. Silberg, Willis L. Owens,

Mark A. Roberts, and Marylou D. Saah, "Lead Absorption in Children of Employees in a Lead-Related Industry," *American Journal of Epidemiology* 115, no. 4 (1982): 549–555.

第 9 章

1) Noelle K. LoConte, Abenaa M. Brewster, Judith S. Kaur, Janette K. Merrill, and Anthony J. Alberg, "Alcohol and Cancer: A Statement of the American Society of Clinical Oncology," *Journal of Clinical Oncology* 36, no. 1 (2018): 88.

2) "Alcohol Use in Pregnancy," Centers for Disease Control and Prevention, December 14, 2021, https://www.cdc.gov/ncbddd/fasd/alcohol-use.html.

3) Sylvain Tesson, *The Consolations of the Forest* (New York: Rizzoli, 2013), 140.

4) I. L. Suh, B. Jessica Shaten, Jeffrey A. Cutler, and Lewis H. Kuller, "Alcohol Use and Mortality from Coronary Heart Disease: The Role of High-Density Lipoprotein Cholesterol," *Annals of Internal Medicine* 116, no. 11 (1992): 881–887; Simona Costanzo, Augusto Di Castelnuovo, Maria Benedetta Donati, Licia Iacoviello, and Giovanni de Gaetano, "Alcohol Consumption and Mortality in Patients with Cardiovascular Disease: A Meta-analysis," *Journal of the American College of Cardiology* 55, no. 13 (2010): 1339–1347.

5) A. S. St. Leger, A. L. Cochrane, and F. Moore, "Factors Associated with Cardiac Mortality in Developed Countries with Particular Reference to the Consumption of Wine," *Lancet* 313, no. 8124 (1979): 1017–1020; S. de Renaud and Michel de Lorgeril, "Wine, Alcohol, Platelets, and the French Paradox for Coronary Heart Disease," *Lancet* 339, no. 8808 (1992): 1523–1526.

6) Ira J. Goldberg, Lori Mosca, Mariann R. Piano, and Edward A. Fisher, "Wine and Your Heart: A Science Advisory for Healthcare Professionals from the Nutrition Committee, Council on Epidemiology and Prevention, and Council on Cardiovascular Nursing of the American Heart Association," *Circulation* 103, no. 3 (2001): 474.

7) George Davey Smith, and Shah Ebrahim, "Mendelian Randomization: Can Genetic Epidemiology Contribute to Understanding Environmen-

128 | 注 釈

tal Determinants of Disease?," *International Journal of Epidemiology* 32, no. 1 (2003): 1–22; Tyler J. VanderWeele, Eric J. Tchetgen Tchetgen, Marilyn Cornelis, and Peter Kraft, "Methodological Challenges in Mendelian Randomization," *Epidemiology* 25, no. 3 (2014): 427–435.

8) Michael V. Holmes, Caroline E. Dale, Luisa Zuccolo, Richard J. Silverwood, Yiran Guo, Zheng Ye, David Prieto-Merino, et al., "Association between Alcohol and Cardiovascular Disease: Mendelian Randomisation Analysis Based on Individual Participant Data," *British Medical Journal* 349 (2014): g4164.

9) "Dietary Guidelines for Alcohol," Centers for Disease Control and Prevention, April 19, 2022, https://www.cdc.gov/alcohol/factsheets/moderate-drinking.htm. 以下も見よ. Chiara Scoccianti, Béatrice Lauby-Secretan, Pierre-Yves Bello, Véronique Chajes, and Isabelle Romieu, "Female Breast Cancer and Alcohol Consumption: A Review of the Literature," *American Journal of Preventive Medicine* 46, no. 3 (2014): S16-S25; Yin Cao, Walter C. Willett, Eric B. Rimm, Meir J. Stampfer, and Edward L. Giovannucci, "Light to Moderate Intake of Alcohol, Drinking Patterns, and Risk of Cancer: Results from Two Prospective US Cohort Studies," *British Medical Journal* 351 (2015): h4238.

10) Anastasios Tsiatis, "A Nonidentifiability Aspect of the Problem of Competing Risks." *Proceedings of the National Academy of Sciences* 72, no. 1 (1975): 20–22.

11) Michael Marmot and Eric Brunner, "Alcohol and Cardiovascular Disease: The Status of the U Shaped Curve," *British Medical Journal* 303, no. 6802 (1991): 565–568; Timothy Stockwell and Jinhui Zhao, "Alcohol's Contribution to Cancer Is Underestimated for Exactly the Same Reason That Its Contribution to Cardioprotection Is Overestimated," *Addiction* 112, no. 2 (2017): 230–232.

12) Roland L. Phillips, "Role of Life-style and Dietary Habits in Risk of Cancer among Seventh-Day Adventists," *Cancer Research* 35, no. 11, part 2 (1975): 3513–3522.

13) Bo Petersson, Erik Trell, and Hans Kristenson, "Alcohol Abstention and Premature Mortality in Middle-Aged Men," *British Medical Journal* 285, no. 6353 (1982): 1457–1459.

14) Ernest Sosa, *Epistemology* (Princeton, NJ: Princeton University Press, 2017), 169.

文　献

Abdulkadiroğlu, Atila, Parag A. Pathak, and Christopher R. Walters. "Free to Choose: Can School Choice Reduce Student Achievement?" *American Economic Journal: Applied Economics* 10, no. 1 (2018): 175–206.

Angrist, Joshua D., Guido W. Imbens, and Donald B. Rubin. "Identification of Causal Effects Using Instrumental Variables." *Journal of the American Statistical Association* 91, no. 434 (1996): 444–455.

Auerbach, Oscar E., Cuyler Hammond, and Lawrence Garfinkel. "Changes in Bronchial Epithelium in Relation to Cigarette Smoking, 1955–1960 vs. 1970–1977." *New England Journal of Medicine* 300, no. 8 (1979): 381–386.

Bailar, John C., and Heather L. Gornik. "Cancer Undefeated." *New England Journal of Medicine* 336, no. 22 (1997): 1569–1574.

Black, Sandra E. "Do Better Schools Matter? Parental Valuation of Elementary Education." *Quarterly Journal of Economics* 114, no. 2 (1999): 577–599.

Boffetta, Paolo, and Mia Hashibe. "Alcohol and Cancer." *Lancet Oncology* 7, no. 2 (2006): 149–156.

Boyland, E., F. J. C. Roe, and J. W. Gorrod. "Induction of Pulmonary Tumours in Mice by Nitrosonornicotine, a Possible Constituent of Tobacco Smoke." *Nature* 202, no. 4937 (1964): 1126.

Brewer, Judson A., Sarah Mallik, Theresa A. Babuscio, Charla Nich, Hayley E. Johnson, Cameron M. Deleone, Candace A. Minnix-Cotton, et al. "Mindfulness Training for Smoking Cessation: Results from a Randomized Controlled Trial." *Drug and Alcohol Dependence* 119, no. 1–2 (2011): 72–80.

Bross, Irwin D. J. "Statistical Criticism." *Cancer* 13, no. 2 (1960): 394–400. Reprinted with eight commentaries in *Observational Studies* 4 (2018): 1–70.

Campbell, Donald T. *Methodology and Epistemology for Social Science: Selected Papers 1957–1986.* Chicago: University of Chicago Press, 1988.

Cao, Yin, Walter C. Willett, Eric B. Rimm, Meir J. Stampfer, and Edward L. Giovannucci. "Light to Moderate Intake of Alcohol, Drinking Patterns, and Risk of Cancer: Results from Two Prospective US Cohort Studies." *British Medical Journal* 351 (2015): h4238.

Card, David, and Alan B. Krueger. "Minimum Wages and Employment: A Case Study of the Fast-food Industry in New Jersey and Pennsylvania." *American Economic Review* 84, no. 4 (1994): 772–793.

Cochran, William G. "The Planning of Observational Studies of Human Populations (with Discussion)." *Journal of the Royal Statistical Society* A 128, no. 2 (1965): 234–266.

Cornfield, Jerome, William Haenszel, E. Cuyler Hammond, Abraham M. Lilienfeld, Michael B. Shimkin, and Ernst L. Wynder. "Smoking and Lung Cancer: Recent Evidence and a Discussion of Some Questions." *Journal of the National Cancer Institute* 22, no. 1 (1959): 173–203. Reprinted with commentaries by David R. Cox, Jan P. Vandenbroucke, Marcel Zwahlen and Joel B. Greenhouse in the *International Journal of Epidemiology* 38, no. 5 (2009): 1175–1191.

Costanzo, Simona, Augusto Di Castelnuovo, Maria Benedetta Donati, Licia Iacoviello, and Giovanni de Gaetano. "Alcohol Consumption and Mortality in Patients with Cardiovascular Disease: A Meta-analysis." *Journal of the American College of Cardiology* 55, no. 13 (2010): 1339–1347.

Cox, David R., and E. Joyce Snell. *Analysis of Binary Data.* New York: Chapman and Hall/CRC, 1989.

Curtis, David. "Use of Siblings as Controls in Case-Control Association Studies." *Annals of Human Genetics* 61, no. 4 (1997): 319–333.

Davey Smith, George, and Shah Ebrahim. "Mendelian Randomization: Can Genetic Epidemiology Contribute to Understanding Environmental Determinants of Disease?" *International Journal of Epidemiology* 32, no. 1 (2003): 1–22.

DiNardo, John, and David S. Lee. "Economic Impacts of New Unionization on Private Sector Employers: 1984–2001." *Quarterly Journal of Economics* 119, no. 4 (2004): 1383–1441.

Dobbie, Will, and Roland G. Fryer Jr. "The Medium-Term Impacts of High-Achieving Charter Schools." *Journal of Political Economy* 123, no. 5 (2015): 985–1037.

Doll, Richard, and A. Bradford Hill. "The Mortality of Doctors in Relation to Their Smoking Habits." *British Medical Journal* 1, no. 4877 (1954): 1451–1455.

Dougherty, Joseph D., Susan E. Maloney, David F. Wozniak, Michael A. Rieger, Lisa Sonnenblick, Giovanni Coppola, Nathaniel G. Mahieu, et al. "The Disruption of Celf6, a Gene Identified by Translational Profiling of Serotonergic Neurons, Results in Autism-Related Behaviors." *Journal of Neuroscience* 33, no. 7 (2013): 2732–2753.

Eissa, Nada, and Jeffrey B. Liebman. "Labor Supply Response to the Earned Income Tax Credit." *Quarterly Journal of Economics* 111, no. 2 (1996): 605–637.

Fisher, Ronald A. *Design of Experiments*. Edinburgh: Oliver and Boyd, 1935.（遠藤健児・鍋谷清治［訳］『実験計画法』森北出版，2013.）

Gastwirth, Joseph L. "Methods for Assessing the Sensitivity of Statistical Comparisons Used in Title VII Cases to Omitted Variables." *Jurimetrics Journal* 33 (1992): 19–34.

Gilbert, John P., Richard J. Light, and Frederick Mosteller. "Assessing Social Innovations: An Empirical Base for Policy." In *Evaluation and Experiment: Some Critical Issues in Assessing Social Programs*, edited by Carl A. Bennett and Arthur A. Lumsdaine, 39–193. New York: Academic Press, 1975.

Goldberg, Ira J., Lori Mosca, Mariann R. Piano, and Edward A. Fisher. "Wine and Your Heart: A Science Advisory for Healthcare Professionals from the Nutrition Committee, Council on Epidemiology and Prevention, and Council on Cardiovascular Nursing of the American Heart Association." *Circulation* 103, no. 3 (2001): 472–475.

Hammond, E. Cuyler. "Smoking in Relation to Mortality and Morbidity. Findings in the First Thirty-Four Months of Follow-up in a Prospective Study Started in 1959. " *Journal of the National Cancer Institute* 32, no. 5 (1964): 1161–1188.

Hammond, E. Cuyler, and Daniel Horn. "Smoking and Death Rates: Report on Forty-Four Months of Follow-up of 187,783 Men. 2. Death Rates by Cause." *Journal of the American Medical Association* 166, no. 11 (1958): 1294–1308.

Hankins, Scott, Mark Hoekstra, and Paige Marta Skiba. "The Ticket to Easy Street? The Financial Consequences of Winning the Lottery." *Review of Economics and Statistics* 93, no. 3 (2011): 961–969.

Holland, Paul W. "Causal Inference, Path Analysis and Recursive Structural Equations Models." *Sociological Methodology* 18 (1988): 449–484.

Holmes, Michael V., Caroline E. Dale, Luisa Zuccolo, Richard J. Silverwood, Yiran Guo, Zheng Ye, David Prieto-Merino, et al. "Association between Alcohol and Cardiovascular Disease: Mendelian Randomisation Analysis Based on Individual Participant Data." *British Medical Journal* 349 (2014): g4164.

Jacob, Brian A., and Jens Ludwig. "The Effects of Housing Assistance on Labor Supply: Evidence from a Voucher Lottery." *American Economic Review* 102, no. 1 (2012): 272–304.

Keele, Luke, Rocio Titiunik, and José R. Zubizarreta. "Enhancing a Geographic Regression Discontinuity Design through Matching to Estimate the Effect of Ballot Initiatives on Voter Turnout." *Journal of the Royal Statistical Society*, series A (2015): 223–239.

Lawlor, Debbie A., Kate Tilling, and George Davey Smith. "Triangulation in Aetiological Epidemiology." *International Journal of Epidemiology* 45, no. 6 (2016): 1866–1886.

LoConte, Noelle K., Abenaa M. Brewster, Judith S. Kaur, Janette K. Merrill, and Anthony J. Alberg. "Alcohol and Cancer: A Statement of the American Society of Clinical Oncology." *Journal of Clinical Oncology* 36, no. 1 (2018): 83–93.

London, Alex John. "Equipoise in Research: Integrating Ethics and Science in Human Research." *Journal of the American Medical Association* 317, no. 5 (2017): 525–526.

Marmot, Michael, and Eric Brunner. "Alcohol and Cardiovascular Disease: The Status of the U Shaped Curve." *British Medical Journal* 303, no. 6802 (1991): 565–568.

Marquart, James W., and Jonathan R. Sorensen. "Institutional and Postrelease Behavior of Furman-Commuted Inmates in Texas." *Criminology* 26, no. 4 (1988): 677–694.

Milyo, Jeffrey, and Joel Waldfogel. "The Effect of Price Advertising on Prices: Evidence in the Wake of 44 Liquormart." *American Economic Review* 89, no. 5 (1999): 1081–1096.

Morton, David E., Alfred J. Saah, Stanley L. Silberg, Willis L. Owens, Mark A. Roberts, and Marylou D. Saah. "Lead Absorption in Children of Employees in a Lead-Related Industry." *American Journal of Epidemiology* 115, no. 4 (1982): 549–555.

Mulangu, Sabue, Lori E. Dodd, Richard T. Davey Jr., Olivier Tshiani Mbaya, Michael Proschan, Daniel Mukadi, Mariano Lusakibanza Manzo, et al. "A Randomized, Controlled Trial of Ebola Virus Disease Therapeutics." *New England Journal of Medicine* 381, no. 24 (2019): 2293–2303.

Neyman, Jerzy. "On the Application of Probability Theory to Agricultural Experiments. Essay on Principles." *Statistical Science* 5, no. 4 (1990): 465–480. English translation of an article published in Polish in 1923.

Petersson, Bo, Erik Trell, and Hans Kristenson. "Alcohol Abstention and Premature Mortality in Middle-Aged Men." *British Medical Journal* 285, no. 6353 (1982): 1457–1459.

Piantadosi, Steven. *Clinical Trials: A Methodologic Perspective*. New York: John Wiley and Sons, 2017.

Proschan, Michael A., Lori E. Dodd, and Dionne Price. "Statistical Considerations for a Trial of Ebola Virus Disease Therapeutics." *Clinical Trials* 13, no. 1 (2016): 39–48.

Ray, Wayne A., Katherine T. Murray, Kathi Hall, Patrick G. Arbogast, and C. Michael Stein. "Azithromycin and the Risk of Cardiovascular Death." *New England Journal of Medicine* 366, no. 20 (2012): 1881–1890.

Reichardt, Charles S. *Quasi-Experimentation*. New York: Guilford Publications, 2019.

Romas, Stavra N., Vincent Santana, Jennifer Williamson, Alejandra Ciappa, Joseph H. Lee, Haydee Z. Rondon, Pedro Estevez, et al. "Familial Alzheimer Disease among Caribbean Hispanics: A Reexamination of Its Association with APOE." *Archives of Neurology* 59, no. 1 (2002): 87–91.

Rosenbaum, Paul R. *Design of Observational Studies*. 2nd ed. New York: Springer, 2020.

Rosenbaum, Paul R. *Replication and Evidence Factors in Observational Studies*. New York: Chapman and Hall/CRC, 2021.

Rosenbaum, Paul R. "Sensitivity Analysis for Certain Permutation Inferences in Matched Observational Studies." *Biometrika* 74, no. 1 (1987): 13–26.

Rosenbaum, Paul R., and Donald B. Rubin. "The Central Role of the Propensity Score in Observational Studies for Causal Effects."

Biometrika 70, no. 1 (1983): 41–55.

Rubin, Donald B. "Estimating Causal Effects of Treatments in Randomized and Nonrandomized Studies." *Journal of Educational Psychology* 66, no. 5 (1974): 688–701.

Scoccianti, Chiara, Béatrice Lauby-Secretan, Pierre-Yves Bello, Véronique Chajes, and Isabelle Romieu. "Female Breast Cancer and Alcohol Consumption: A Review of the Literature." *American Journal of Preventive Medicine* 46, no. 3 (2014): S16–S25.

Spielman, Richard S., and Warren J. Ewens. "A Sibship Test for Linkage in the Presence of Association: The Sib Transmission/Disequilibrium Test." *American Journal of Human Genetics* 62, no. 2 (1998): 450–458.

Spielman, Richard S., Ralph E. McGinnis, and Warren J. Ewens. "Transmission Test for Linkage Disequilibrium: The Insulin Gene Region and Insulin-Dependent Diabetes Mellitus (IDDM)." *American Journal of Human Genetics* 52, no. 3 (1993): 506–516.

St. Leger, A. S., A. L. Cochrane, and F. Moore. "Factors Associated with Cardiac Mortality in Developed Countries with Particular Reference to the Consumption of Wine." *Lancet* 313, no. 8124 (1979): 1017–1020.

Stockwell, Timothy, and Jinhui Zhao. "Alcohol's Contribution to Cancer Is Underestimated for Exactly the Same Reason That Its Contribution to Cardioprotection Is Overestimated." *Addiction* 112, no. 2 (2017): 230–232.

Stolley, Paul D. "When Genius Errs: RA Fisher and the Lung Cancer Controversy." *American Journal of Epidemiology* 133, no. 5 (1991): 416–425.

Suh, I. L., B. Jessica Shaten, Jeffrey A. Cutler, and Lewis H. Kuller. "Alcohol Use and Mortality from Coronary Heart Disease: The Role of High-Density Lipoprotein Cholesterol." *Annals of Internal Medicine* 116, no. 11 (1992): 881–887.

Thistlethwaite, Donald L., and Donald T. Campbell. "Regression-Discontinuity Analysis: An Alternative to the Ex Post Facto Experiment." *Journal of Educational Psychology* 51, no. 6 (1960): 309–317.

Tirmarche, M., A. Raphalen, F. Allin, J. Chameaud, and P. Bredon. "Mortality of a Cohort of French Uranium Miners Exposed to Relatively Low Radon Concentrations." *British Journal of Cancer* 67, no. 5 (1993): 1090–1097.

Tomar, Scott L., and Samira Asma. "Smoking-Attributable Periodontitis in the United States: Findings from NHANES III." *Journal of Periodontology* 71, no. 5 (2000): 743–751.

Tsiatis, Anastasios. "A Nonidentifiability Aspect of the Problem of Competing Risks." *Proceedings of the National Academy of Sciences* 72, no. 1 (1975): 20–22.

Tukey, John W. *Exploratory Data Analysis.* Waltham, MA: Addison-Wesley, 1977.

US Centers for Disease Control and Prevention. "Smoking, Gum Disease, and Tooth Loss." March 23, 2020. https://www.cdc.gov/tobacco/campaign/tips/diseases/periodontal-gum-disease.html.

US Surgeon General's Advisory Committee on Smoking. *Smoking and Health.* Washington, DC: US Department of Health, Education, and Welfare, Public Health Service, 1964.

Vaidya, Bijayeswar, Helen Imrie, Petros Perros, Eric T. Young, William F. Kelly, David Carr, David M. Large, et al. "The Cytotoxic T Lymphocyte Antigen-4 Is a Major Graves' Disease Locus." *Human Molecular Genetics* 8, no. 7 (1999): 1195–1199.

VanderWeele, Tyler J., Eric J. Tchetgen Tchetgen, Marilyn Cornelis, and Peter Kraft. "Methodological Challenges in Mendelian Randomization." *Epidemiology* 25, no. 3 (2014): 427–435.

Welch, B. L. "On the Z-Test in Randomized Blocks and Latin Squares." *Biometrika* 29, no. 1–2 (1937): 21–52.

Yu, Ruoqi, Dylan S. Small, and Paul R. Rosenbaum. "The Information in Covariate Imbalance in Studies of Hormone Replacement Therapy." *Annals of Applied Statistics* 15, no. 4 (2021): 2023–2042.

Zubizarreta, José R., Magdalena Cerdá, and Paul R. Rosenbaum. "Effect of the 2010 Chilean Earthquake on Posttraumatic Stress." *Epidemiology* 24, no. 1 (2013): 79–87.

参考図書

Angrist, Joshua D., and Alan B. Krueger. "Empirical Strategies in Labor Economics." In *Handbook of Labor Economics*, edited by Orley Ashenfelter and David Card, 3: 1277–1366. New York: Elsevier, 1999.

Cox, David R., and Nancy Reid. *The Theory of the Design of Experiments.* New York: Chapman and Hall/CRC, 2000.

Gerber, Alan S., and Donald P. Green. *Field Experiments: Design, Analysis, and Interpretation.* New York: W. W. Norton, 2012.

Hernán, Miguel A., and James M. Robins. *Causal Inference.* New York: Chapman and Hall/CRC, 2010.

Imbens, Guido W., and Donald B. Rubin. *Causal Inference for Statistics, Social, and Biomedical Sciences: An Introduction.* New York: Cambridge University Press, 2015.（星野崇宏・繁桝算男［監訳］『インベンス・ルービン 統計的因果推論 上・下』朝倉書店，2023.）

Morgan, Stephen L., and Christopher Winship. *Counterfactuals and Causal Inference.* New York: Cambridge University Press, 2014.（落海浩［訳］『反事実と因果推論』朝倉書店，2024.）

Reichardt, Charles S. *Quasi-Experimentation.* New York: Guilford Publications, 2019.

Rosenbaum, Paul R. *Observation and Experiment: An Introduction to Causal Inference.* Cambridge, MA: Harvard University Press, 2017.（阿部貴行・岩崎 学［訳］『ローゼンバウム統計的因果推論入門：観察研究とランダム化実験』共立出版，2021.）

Rutter, Michael. *Identifying the Environmental Causes of Disease: How Should We Decide What to Believe and When to Take Action?* London: Academy of Medical Sciences, 2007. https://acmedsci.ac.uk/publications.

Shadish, William R., Thomas D. Cook, and Donald T. Campbell. *Experimental and Quasi-Experimental Designs for Generalized Causal Inference.* Boston: Houghton Mifflin, 2002.

索　引

欧　字

Γ　64–65

APOE 遺伝子　80
ATE　⇒ 平均処置効果
ATEq　89

J 字型曲線　110

NHANES　⇒ 米国国民健康栄養調査
　　III

PALM 試験　16

TDT　⇒ 伝達不平衡試験

あ　行

アルコール　103
　　――と HDL コレステロール　106
　　――とがん　104
　　――と禁酒　112
　　――と心血管疾患　104–106
アルツハイマー病　80
アングリスト，ジョシュア　88

遺伝学
　　仮想上の兄弟姉妹　81–82
　　兄弟姉妹の遺伝子　78–81
因果効果　5, 9, 14, 26
　　――がない　⇒ 処置に効果がない

インフォームド・コンセント　17
インベンス，グイド　88

ウィトゲンシュタイン，ルートヴィヒ
　　59

エビデンス因子　100, 115
エボラウイルス病（エボラ出血熱）　16

オッズ　64

か　行

カウンターパート　73
観察研究　32
　　――に対する批判　57, 59
　　――の定義　33
感度分析　60, 64
　　Γ　64–65
　　――の新手法　62
　　――の比較　66
　　――の役割　67
　　最初の――　60–62

疑似実験的手法
　　カウンターパート　72–74
　　――と予想される反論　68, 72, 74
　　――の定義　68
　　――の例　71
喫煙
　　――と歯周病　33
　　――と肺がん　32, 58–60, 98–99

138 | 索 引

「喫煙からの解放 (FFS)」プログラム
　86
『喫煙と健康 (Smoking and Health)』
　32
キャンベル，ドナルド T.　68, 72
競合仮説　⇒ 対抗仮説
共変量
　——の調整　45
　——の定義　19
　——のバランス　21, 49, 52
　多くの——　47
　測定された——　43, 49
　測定されていない——　43–44, 57,
　72
勤労所得税額控除　72

繰り返し　97

傾向スコア　41–42, 47–49, 118
　——と個人の属性　55–56
血中鉛濃度　100

コイン投げの何が特別なのか　30
効果なし　⇒ 処置に効果がない
交換可能性　79
コントロール　4
　規則的変動による——　72
コントロール群　6
　——の比較可能性　33, 40, 43
　2つの——　69–72

さ　行

再現　97, 99
サンプルサイズ　25, 62, 97

歯周病　42
自然実験　75, 95

兄弟姉妹の遺伝子　75–76, 78–82
　くじによる——　76–78
　不連続デザイン　82–85
実験的な思考習慣　2, 31, 103
四分位数　37
自閉症　81
住宅補助　77, 94
順守者　90, 93–94
　——の平均因果効果　88, 92, 95
奨励実験　85
除外制約　85, 92
処置　4
　——に効果がない　11–12, 26–27
処置効果がないという仮説　27, 63, 66
処置割り当て
　——のバイアス　64
人口動態調査　72

税制改革法　72
セブンスデー・アドベンチスト教会
　112
潜在的アウトカム　11, 22
潜在的交絡因子　62

操作変数　85, 88–95, 107
総死亡率　109

た　行

体液理論　1–2, 31
対抗仮説　57, 67
対称（分布の）　38
大数の法則　12, 56
代表値　37

中央値　37

対無作為化実験　63

索 引 | *139*

適応による交絡　69
デューイ，ジョン　2, 31, 103
テューキー，ジョン　37
伝達不平衡試験　82

統計学的な批判　58

な 行

ネイマン，イェジ　6

は 行

箱ひげ図　37
外れ値　39
バセドウ病　78
バランス表　19–20
反論　57, 72
　予想される――　68, 74, 96

比較可能性　69
ビッグデータ　97

フィッシャー，ロナルド　21, 27, 59–60
不確実性と複雑さを認める　103
不偏　25
不連続デザイン　84
フレンチ・パラドックス　106
フロリダ・ファンタジー5　77

ペアマッチング　45
平均因果効果　⇒ 平均処置効果
平均処置効果　8, 14, 92
　――の推定　22

――の定義　10
米国国民健康栄養調査 III　33

ポリア，ジョージ　4

ま 行

マインドフルネストレーニング　86
マッチング　45, 55
　強制的にバランスさせる　56
　共変量が多い場合　52
　傾向スコアと個人の属性　55–56
　傾向スコアに基づく――　49

無作為化実験　30, 32
　人間を対象とした――　60–61
無作為化処置割り当て　10, 26, 30, 60
　――と因果推論　21
　――をする理由　19
無作為化比較試験　18
無作為化臨床試験　16

メンデル無作為化　107

や 行

薬物中毒　97–98

ら 行

臨床的均衡　17

ルービン，ドナルド　6, 88

労働意欲の減退　77, 95
労働組合と賃金　84

著者について

ポール R. ローゼンバウムはペンシルベニア大学ウォートン校の統計学教授で，統計学，データサイエンスを教えている（1986 年～現在）．因果推論の分野では，米国統計関連学会会長委員会から 2019 年に R. A. フィッシャー賞，2003 年にジョージ W. スネデカー賞を受賞した．著書に *Observational Studies*（未邦訳），*Design of Observational Studies*（未邦訳），*Observation and Experiment: An Introduction to Causal Inference*（『ローゼンバウム統計的因果推論入門：観察研究とランダム化実験』共立出版，2021），*Replication and Evidence Factors in Observational Studies*（未邦訳）の 4 冊がある．

監訳者略歴

髙田悠矢 (たかだゆうや)

1985 年生まれ
2010 年　東京大学大学院工学系研究科修了，日本銀行入行
2015 年　株式会社リクルート入社
2021 年　Re Data Science 株式会社創業
現　在　Re Data Science 株式会社 代表取締役社長
　　　　修士（工学）

髙橋耕史 (たかはしこうじ)

1984 年生まれ
2007 年　東京大学経済学部卒業，日本銀行入行
2017 年　カリフォルニア大学サンディエゴ校経済学部博士課程修了
2021 年　国際決済銀行出向
現　在　日本銀行企画役
　　　　博士（経済学）

ローゼンバウム　因果推論とは何か　定価はカバーに表示

2024 年 10 月 1 日　初版第 1 刷

監訳者	高　田　悠　矢
	高　橋　耕　史
発行者	朝　倉　誠　造
発行所	株式会社　朝　倉　書　店

東京都新宿区新小川町6-29
郵 便 番 号　162-8707
電　話　03（3260）0141
ＦＡＸ　03（3260）0180
https://www.asakura.co.jp

〈検印省略〉

Ⓒ 2024 〈無断複写・転載を禁ず〉　　　　印刷・製本　藤原印刷

ISBN 978-4-254-12306-7　C3041　　　Printed in Japan

JCOPY ＜出版者著作権管理機構 委託出版物＞

本書の無断複写は著作権法上での例外を除き禁じられています．複写される場合は，
そのつど事前に，出版者著作権管理機構（電話 03-5244-5088，FAX 03-5244-5089，
e-mail: info@jcopy.or.jp）の許諾を得てください．

医学統計学シリーズ 1 新版 統計学のセンス
―デザインする視点・データを見る目―

丹後 俊郎 (著)

A5 判／176 頁　978-4-254-12882-6　C3341
定価 3,520 円（本体 3,200 円＋税）

好評の旧版に加筆・アップデート。データを見る目を磨き，センスある研究の遂行を目指す〔内容〕randomness／統計学的推測の意味／研究デザイン／統計解析以前のデータを見る目／平均値の比較／頻度の比較／イベント発生迄の時間の比較

医学統計学シリーズ 2 新版 統計モデル入門

丹後 俊郎 (著)

A5 判／276 頁　978-4-254-12883-3　C3341
定価 4,730 円（本体 4,300 円＋税）

好評の旧版に加筆・改訂。統計モデルの基礎について具体例を通して解説。〔内容〕トピックス／Bootstrap／モデルの比較／測定誤差のある線形モデル／一般化線形モデル／ノンパラメトリック回帰モデル／ベイズ推測／MCMC 法／他

医学統計学シリーズ 4 新版 メタ・アナリシス入門
―エビデンスの統合をめざす統計手法―

丹後 俊郎 (著)

A5 判／280 頁　978-4-254-12760-7　C3371
定価 5,060 円（本体 4,600 円＋税）

好評の旧版に大幅加筆。〔内容〕歴史と関連分野／基礎／手法／Heterogeneity／Publication bias／診断検査と ROC 曲線／外国臨床データの外挿／多変量メタ・アナリシス／ネットワーク・メタ・アナリシス／統計理論

医学統計学シリーズ 5 新版 無作為化比較試験
―デザインと統計解析―

丹後 俊郎 (著)

A5 判／264 頁　978-4-254-12881-9　C3341
定価 4,950 円（本体 4,500 円＋税）

好評の旧版に加筆・改訂。〔内容〕原理／無作為割り付け／目標症例数／群内・群間変動に係わるデザイン／経時的繰り返し測定／臨床的同等性・非劣性／グループ逐次デザイン／複数のエンドポイント／ブリッジング試験／欠測データ

統計解析スタンダード 統計的因果推論

岩崎 学 (著)

A5 判 / 216 頁　978-4-254-12857-4　C3341
定価 3,960 円（本体 3,600 円＋税）

医学，工学をはじめあらゆる科学研究や意思決定の基盤となる因果推論の基礎を解説。〔内容〕統計的因果推論とは／群間比較の統計数理／統計的因果推論の枠組み／傾向スコア／マッチング／層別／操作変数法／ケースコントロール研究／他

シリーズ〈予測と発見の科学〉 1 統計的因果推論
―回帰分析の新しい枠組み―

宮川 雅巳 (著)

A5 判 / 192 頁　978-4-254-12781-2　C3341
定価 3,740 円（本体 3,400 円＋税）

「因果」とは何か？　データ間の相関関係から，因果関係とその効果を取り出し表現する方法を解説。〔内容〕古典的問題意識／因果推論の基礎／パス解析／有向グラフ／介入効果と識別条件／回帰モデル／条件付き介入と同時介入／グラフの復元／他

医学のための因果推論 I ―一般化線型モデル―

田中 司朗 (著)

A5 判 / 192 頁　978-4-254-12270-1　C3041
定価 3,520 円（本体 3,200 円＋税）

因果推論の主要な手法のうち，一般化線型モデルの理論と統計手法を学び，豊富な事例を通して医学研究への応用までを解説する。〔内容〕一般化線型モデル／共変量の選択／大標本のための統計的推測の手法／小標本のための統計的推測の手法。

医学のための因果推論 II ―Rubin 因果モデル―

田中 司朗 (著)

A5 判 / 224 頁　978-4-254-12271-8　C3041
定価 3,850 円（本体 3,500 円＋税）

1 巻目の一般化線型モデルに続き，Rubin 因果モデルの理論と統計手法を学び，豊富な事例で医学研究への応用までを解説。〔内容〕推定目標／ランダム化／プロペンシティスコア／操作変数法／周辺構造モデルと IPW 推定量／媒介分析。

入門 統計的因果推論

J. Pearl・M. Glymour・N.P. Jewell(著) ／落海 浩 (訳)

A5 判／200 頁　978-4-254-12241-1 C3041
定価 3,630 円（本体 3,300 円＋税）

大家 Pearl らによる入門書。図と言葉で丁寧に解説。相関関係は必ずしも因果関係を意味しないことを前提に，統計的に原因を推定する。〔内容〕統計モデルと因果モデル／グラフィカルモデルとその応用／介入効果／反事実とその応用

インベンス・ルービン 統計的因果推論 （上）

G.W. インベンス・D.B. ルービン (著) ／星野 崇宏・繁桝 算男 (監訳)

A5 判／320 頁　978-4-254-12291-6 C3041
定価 5,940 円（本体 5,400 円＋税）

ノーベル経済学賞受賞のインベンスと第一人者ルービンによる統計的因果推論の基本書。潜在的結果変数，割り当てメカニズム，処置効果，非順守など重要な概念を定義しながら体系的に解説。〔内容〕基礎：枠組み／古典的無作為化実験／正則な割り当てメカニズム：(1) デザイン／ (2) 解析／ (3) 追加的な解析／非順守

インベンス・ルービン 統計的因果推論 （下）

G.W. インベンス・D.B. ルービン (著) ／星野 崇宏・繁桝 算男 (監訳)

A5 判／416 頁　978-4-254-12292-3 C3041
定価 6,930 円（本体 6,300 円＋税）

近年の統計的因果推論の理論的礎を築いたノーベル経済学賞学者インベンスと大家ルービンによる必読の基本書。下巻では正則な割り当てメカニズムの仮定について議論を深め，具体的な事例の分析を通じて様々なモデルや分析を掘り下げる。後半では対象者に割り当て非順守が含まれる実験についても考察する。

反事実と因果推論

S. L. Morgan・C. Winship(著) ／落海 浩 (訳)

A5 判／536 頁　978-4-254-12269-5 C3041
定価 7,920 円（本体 7,200 円＋税）

実証研究のために。〔内容〕社会科学における因果と実証研究／反事実，潜在反応，因果グラフ／観察された変数についての条件付けによりバックドアパスをブロック／バックドアの条件付けが無効／観察される変数による点推定が不可能／結論

上記価格は 2024 年 9 月現在